DICCIONARIO JAS
Escolar de Matemáticas
Para PRIMARIA:
¡ Para entender y Disfrutar las Matemáticas !

Editorial

DIRECT LIBROS
División Libros Técnicos

Copyright© Jorge Alfonso Sierra Quintero 2015

Copyright© De esta edición: Editorial DirectLibros

Avenida Niños Héroes No. 2686 Int. A

Tels: (33) 3632 19 49/ Cel. 33 21 22 10 10/ 33 17 71 18 97

Colonia Jardines del Bosque CP 44520

Guadalajara - Jalisco- México

Email: conexion@neuromatematica.com

www.Neuromatematica.com

Dirección General Editorial

Jorge Alfonso Sierra Quintero

Redacción:

Equipo de Redactores de DIRECT LIBROS

Asesoría temática y documental
Lic. Anabelle Rodríguez Salazar. Bibliotecóloga.
Universidad UNED (Costa Rica).
Diseño y Diagramación: Liliana Mota Pérez

Revisión General
Ana Rosa Casas Mercado Egresada de la Licenciatura en
Matemáticas de la Universidad de Guadalajara, México.
Docente de matemáticas en secundaria y preparatoria
en diversas instituciones de México. Profesora de
matemática en propedéutico para Maestría en Ciencias
Físicas en la Universidad de Guadalajara.

Diseño y Diagramación

Liliana Mota Pérez

Segunda edición 2020

Sierra Quintero, Jorge Alfonso

Diccionario JAS Escolar de Matemáticas para Primaria
/ Jorge Alfonso Sierra Quintero. –2a. ed.
en México Guadalajara, Jalisco, 2016, Direct Libros
- Mercadeo Editorial. 2016 132 p. ; 28 x 21 cm.

1.Educación primaria - Matemáticas – Diccionarios.

Socio afiliado a La Cámara Nacional de la Industria
Editorial Mexicana (CANIEM) No. 3839 y al Centro
mexicano de protección y fomento de los derechos
de autor, Sociedad de Getion Colectiva (CeMPro

Prólogo

En un mundo en constante evolución como el que vivimos, la enseñanza-aprendizaje de las Matemáticas debe estar enfocada en el desarrollo de las destrezas necesarias para que el estudiante desde el mismo Primero de Primaria, la entienda y no que simplemente la memorice, de tal manera que sea capaz de resolver problemas cotidianos, así como fortalecer el pensamiento lógico y creativo.

El aprendizaje de las matemáticas se va desarrollando en todos los grados escolares en forma estrechamente relacionada de tal forma que lo que se aprende en uno anterior, es la base y la clave para entender y comprender lo que verán en el próximo. Es decir, los conocimientos matemáticos de todos los grados se conectan entre sí. Si un estudiante olvida conceptos que aprendió en uno, tendrá irremediablemente problemas para entender la materia de matemáticas en el grado que sigue.

Ahora bien: Si tenemos en cuenta que *en cada grado escolar* un alumno ve aproximadamente 130 conceptos matemáticos nuevos, podemos comprender el por qué muchos de esos conceptos se olvidan o no se afianzan lo suficiente en todo educando.

Por todo esto, se hacía necesaria una obra como el **Diccionario JAS Escolar de Matemáticas para Primaria** que le permite a un estudiante poder recurrir a ella y repasar cualquier concepto matemático que haya olvidado y que sea esencial para entender los nuevos conocimientos que está aprendiendo.

De esta manera se hace evidente la importancia de que en toda Escuela, todo Salón de clases, todo Hogar donde haya estudiantes, se tenga un **Diccionario JAS Escolar de Matemáticas para Primaria,** única obra que al poseer los más de 800 conceptos matemáticos que ve un Estudiante de Primero a Sexto grado de Primaria le garantiza al estudiante de México y de toda Hispanoamérica, un aprendizaje armonioso y agradable de esta asignatura.

Aprender, comprender, poder repasar en cualquier instante los conceptos matemáticos es la parte clave que les permitirá a sus hijos o estudiantes interactuar impecablemente en su entorno y pasar de un grado a otro en sus estudios sin reprobaciones ni dificultades con esta materia.

-   El Editor –

Lo que hallará el Docente, el Padre de Familia y el Estudiante en el Diccionario JAS Escolar de Matemática para Primaria.

❖ En este Diccionario hallarán el 100% de los conceptos matemáticos - más de 800 - que se ven en todos los países de América Latina, desde el Primero hasta el Sexto Grado de Primaria.

❖ Redactado en un lenguaje riguroso, sencillo y claro, busca que sea perfectamente comprensible tanto para el estudiante de cualquier grado de Primaria, hasta para un Padre o Madre de familia que ha olvidado o nunca ha conocido los conceptos matemáticos.Encontrará la etimología de más del 90% de las palabras que conforman cada concepto a describir.

❖ El Docente podrá unificar un lenguaje con sus alumnos, de tal manera que éstos jamás podrán decir que *"entendieron mal o definitivamente no entendieron"* lo que el Profesor explicó. Aquí tendrán la opción de repasarlo cuántas veces quieran, hasta llegar a comprenderlo.

❖ Está probado que didácticamente no hay nada mejor que explicar un concepto con un ejemplo. Los que contiene este Diccionario, junto con los gráficos, logran que todos puedan visualizar y comprender fácilmente lo que estudian.

Cómo está organizado y cómo se puede consultar el Diccionario JAS Escolar de Matemáticas para Primaria.

❖ Para su fácil y agradable consulta, este Diccionario ha sido organizado en forma alfabética, de la A a la Z.

❖ A cada letra se podrá acceder fácilmente por medio de una especie de pestaña que se podrá ver en la parte derecha del Diccionario.

❖ Cada concepto apoya uno de los factores para el desarrollo de las Competencias matemáticas y está organizado de la siguiente manera:

❖ Etimología *(Etim.)*: Contiene el origen de la palabra, bien sea latín, griego, anglosajón o cualquier otro, así como su significado, desarrollando una parte de la competencia interpretativa para que, conociendo el significado de las raíces de una expresión pueda el estudiante interpretar y deducir el sentido de otros conceptos matemáticos.

❖ Concepto básico: Concepto básico: Idea que en un lenguaje claro gramaticalmente, redactado al nivel de los estudiantes de Primaria para que sea comprendido fácilmente por éstos, y exacto desde el punto de vista del idioma matemático, expresa lo más general del concepto que se está analizando. El concepto básico desarrolla en el estudiante la competencia argumentativa al darle espacio para elevar la eficacia del propio aprendizaje.

❖ Concepto ampliado: Extensión del concepto básico para una idea más integral y completa de lo analizado. El concepto ampliado, en el contexto matemático, le permite al estudiante desarrollar la relación con la justificación de los pasos, la verbalización y la comunicación.

❖ Ejemplo: Hecho que se cita para ilustrar en forma más clara lo que en los conceptos, tanto básico como ampliado, se ha dicho.

❖ Remisión a término concordante ó asociado: Correspondencia o conformidad del concepto que se está analizando con otro u otros. Este recurso didáctico le permite al educando desarrollar la competencia para reconocer e identificar símbolos, términos, elementos; establecer relaciones de igualdad y desigualdad, equivalencia y semejanza, etc.

❖ Gráfico ó figura: Representación ilustrada del concepto que se ha expuesto. Este recurso didáctico también desarrolla la Competencia interpretativa de la Matemática.

EJEMPLO

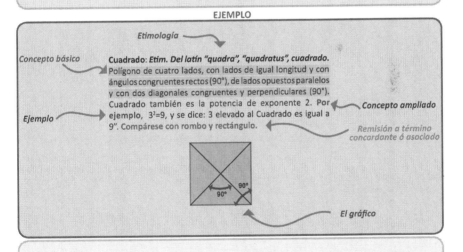

Etimología

Concepto básico

Cuadrado: *Etim. Del latín "quadra", "quadratus", cuadrado.* Polígono de cuatro lados, con lados de igual longitud y con ángulos congruentes rectos (90°), de lados opuestos paralelos y con dos diagonales congruentes y perpendiculares (90°). Cuadrado también es la potencia de exponente 2. Por ejemplo, $3^2=9$, y se dice: 3 elevado al Cuadrado es igual a 9". Compárese con rombo y rectángulo.

Concepto ampliado

Ejemplo

Remisión a término concordante ó asociado

90°
90°

El gráfico

Láminas Didácticas: Al final del Diccionario se encuentran 24 valiosas láminas didácticas que contienen el resumen de los principales temas abordados en el mismo, de gran ayuda para el repaso y la rápida comprensión tanto de fórmulas como de conceptos.

1 + 2 3 ÷ 4 5 x 6

4 Ábaco

Ábaco: *Etim. Del griego "abax ó abakon"", que significa superficie plana, aparador, tabla, mesita.* El ábaco es un instrumento de cálculo utilizado para cuentas sencillas (sumas, restas y multiplicaciones) desde hace cientos de años. En general está formado por un número de cuentas que se deslizan a lo largo de varillas de metal o madera, dispuestas en forma paralelas cada una de las cuales indica una cifra del número que se representa.

En los gráficos se muestran dos diferentes tipos de ábaco así como niñas aprendiendo con el mismo.

Abscisa: *Etim. Del latín "abscindere". Separar, cortar, porque esta línea está cortada por la ordenada.* Coordenada X de un punto en un plano cartesiano. Es la distancia horizontal de un punto al eje vertical, o Y.

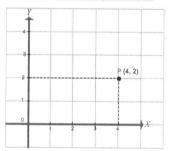

Por ejemplo, un punto con coordenadas (4, 2) tiene una abscisa de 4.

Las coordenadas de un punto cualquiera P se representan por (x, y). A la primera coordenada se le denomina abscisa o coordenada x del punto.

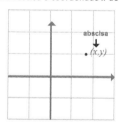

Acre: *Etim. Del latín "ager", campo; del inglés "acre".* Medida inglesa de superficie, usada en agricultura, que equivale a 40 áreas y 47 centiáreas, es decir 4047 m². Ejemplo: la superficie de una cancha de futbol mide en promedio 2,4 **acres.**

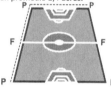

Acutángulo: *Etim. Del latín "acutu", agudo, "angulu", ángulo.* Término utilizado para designar ángulos agudos. Ejemplo: triángulo **acutángulo**, que es aquel que tiene sus tres ángulos agudos.

En la gráfica podemos observar tres ángulos agudos.

Adición: *Etim. Del latín "addo". Añadir, agregar.* **Adición** es sinónimo de suma. **Adición** es la operación matemática que consiste en reunir dos o más cantidades llamadas sumandos en una sola equivalente llamada suma o total. Véase Suma.

Agrupar: *Etim. "De Civitas", acción y resultado de agrupar.* Reunir en un grupo personas o elementos de acuerdo a un orden preestablecido. Por ejemplo: Reunir números primos.

1, 3, 5, 7, 11

Álgebra: *Etim. Del árabe "al-djaber". También nombrada por los árabes "Amucabala", que significa la recomposición, reducción o restitución.* El **álgebra** es en principio una generalización de la aritmética. Mientras la aritmética estudia las operaciones con los números, el **álgebra** estudia las propiedades sobre números arbitrarios que se representan con letras o variables. Por ejemplo, el hecho de que 3x5 sea igual a 5x3 es un resultado aritmético, mientras que ab=ba es un resultado algebraico.

Algebraico (a): Se entiende por **algebraico ó algebraica** cualquier cosa relativa o perteneciente al álgebra, una de las partes fundamentales de las matemáticas. Dícese de la expresión matemática que utiliza variables (letras). Véase expresión algebraica.

Algoritmo: *Etim. Del árabe "algoretm" que significa "raíz". La raíz es el principio de la generación.* **Algoritmo** es un procedimiento de cálculo; es una secuencia de pasos que permite hallar la solución de un ejercicio o problema. Ejemplo: El algoritmo de la multiplicación señala los pasos a seguir para multiplicar dos ó más cantidades. Véase suma, resta, multiplicación y división.

Altura ó alto: *Etim. Del latín "altus" que significa "alto".* Dícese de la medida vertical que se realiza a una figura plana o a un cuerpo desde su base – o parte más baja – hasta su cúspide – o parte más alta. Para determinar o medir la altura de cualquier objeto o figura se debe hacer perpendicularmente a la base. La altura o alto se mide en unidades de longitud, es decir, en metros, pies, pulgadas, etc. La altura se denota por la letra h. Por ejemplo: En un polígono la **altura** es cada una de las rectas perpendiculares trazadas desde un vértice al lado opuesto (o su prolongación). Compárese con Base.

En un triángulo la altura es el segmento trazado desde cualquiera de sus lados hasta el vértice opuesto a ese mismo lado, que de ser necesario, se puede prolongar – el lado – para trazar esa altura.

Figura de un Triángulo equilátero.

Todo triángulo tiene tres alturas que se cortan en un punto llamado Ortocentro. En la gráfica que se presenta el ortocentro es el punto donde se señala letra "H".

Figura de trapecio isósceles.

Altura de un triángulo: Véase Altura o alto.

Amplificación de fracciones: *Etim. de Fracciones. De Fracción. Del latín "fractio", "onis", parte separada.* Es el proceso mediante el cual se transforma una fracción en otra equivalente, con numerador y denominador mayor que los de la fracción dada; esto se logra multiplicando los términos de la fracción por un mismo número diferente de cero y uno. Por ejemplo, multipliquemos los términos de la fracción por 5, se tiene: $\frac{2}{7}$

$\frac{2 \times 5}{7 \times 5} = \frac{10}{35}$, que es una ampliación de $\frac{2}{7}$ y por tanto equivalente. Véase Fracciones equivalentes.

Amplificar una fracción: Véase Amplificación de fracciones.

Amplitud angular: *Etim. Del latín "amplitûdo", extensión, dilatación y del griego "agkulos", encorvado, doblado.* Dícese de la abertura que se forma entre los rayos (lados) del ángulo. Esta medida o **amplitud angular** se mide en grados sexagesimales o en radianes. También se dice que es la distancia medida del espacio de separación entre los dos lados de un ángulo. Para medir la **amplitud angular** se usa el transportador. Cuando se dice amplitud angular se refiere a la abertura entre los lados. Cuando se dice ángulo se refiere a la figura. Para ampliar y comparar véase ángulo.

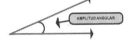

Análisis: *Etim. Del griego "analuô", que significa resolver, desatar, desligar.* **Análisis** es la descomposición de un todo en partes para poder estudiar su estructura y/o sistemas operativos y/o funciones. En matemática es la parte que usa los conceptos de sucesión, serie y función. Existe el análisis estadístico, matemático, multivariante, numérico, probabilístico, real, vectorial.

Análisis estadístico: *Etim. de Estadístico. Del alemán "statistik", estudio de los datos.* Se refiere al conjunto sistemático de procedimientos para observar y describir numéricamente un fenómeno y descubrir las leyes que regula la aparición, transformación y desaparición del mismo.

Análisis probabilístico: *Etim. de Probabilístico. Del latín "probabilîtas", "âtis", verosimilitud ó probada apariencia de verdad.* Es el análisis que se hace de la probabilidad de que un evento suceda. Véase probabilidad.

Analógico: *Etim. Del griego "analogia" compuesta de "ana" y "logos", proporción, conveniencia sobre alguna* *cosa.* Se refiere a un aparato o instrumento de medida, que utiliza líneas (rayas) como graduación y agujas u otros medios mecánicos como indicador de lectura, que representa una variable continua, análoga a la magnitud correspondiente, en contraste con un aparto digital que muestra la medida mediante cifras. Por ejemplo, comparemos el reloj graduado y con manecillas y el que solo muestra números; termómetros graduados con líneas y los que muestran la temperatura con dígitos, multímetros graduados y con agujas, etc. Véase reloj analógico

Ancho ó Anchura: *Etim. Del latín "amplus", que tiene más o menos anchura.* En el espacio que conocemos hay tres dimensiones llamadas: ancho, largo y alto. Todos los cuerpos son tridimensionales (3 dimensiones), por ejemplo: un balón, una silla, un coche, una caja. Etc.

En la gráfica, el ancho es el segmento que penetra.

Ancho de un rectángulo: *Etim. Del latín "amplus", que tiene más o menos anchura y "rectangŭlus", que tiene ángulos rectos.* El ancho de un rectángulo se refiere a la medida de su base. Es representado generalmente por la letra "a", útil para el cálculo del área de rectángulo. Véase también largo de un rectángulo.

rectángulo vertical

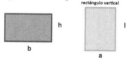

Ángulo: *Etim. Del griego "agkulos", encorvado, doblado.* Se denomina ángulo a la abertura entre dos líneas de cualquier tipo que concurren en un punto común llamado vértice. Siendo el vértice el punto de origen común y lados las líneas que convergen en ese punto. Según la amplitud angular o abertura entre los lados de un **ángulo** estos se clasifican en: agudos, rectos y obtusos. Comparar con ángulo agudo, ángulo recto y ángulo obtuso.

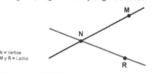

N = Vértice
M y R = Lados

Ángulo-Ángulo: Postulado sobre los *criterios de semejanza de triángulos,* que dice: "si dos ángulos de un triángulo son congruentes con dos ángulos de un segundo triángulo, los triángulos son semejantes". Por ejemplo, los triángulos **ABC** y **DEF** son semejantes por tener dos ángulos congruentes.

a

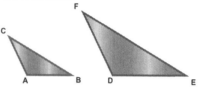

Ángulo-Ángulo-Ángulo: Teorema sobre los *criterios de semejanza de triángulos,* que dice: "si los tres ángulos de un triángulo son congruentes entonces son semejantes". Este teorema es consecuencia del postulado ángulo-ángulo, pues si un triángulo tiene dos ángulos congruentes su tercer ángulo también lo es, dado a que la suma de los ángulos interiores de todo triángulo suma 180°.

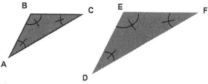

Ángulos Adyacentes. *Etim. de Adyacente. Del latín "adiăcens", "entis", situado en inmediación ó proximidad de algo.* Son los que tienen un lado en común y los otros dos son semirrectas opuestas. Los ángulos **adyacentes son suplementarios.**

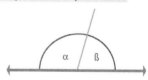

Ángulo agudo: *Etim. de Agudo. Del griego "akis", punta, "akidotus", puntiagudo; "acutus", en latín.* Dícese del ángulo cuya medida es mayor que 0 grados y menor que 90 grados.

Ángulo central: *Etim. de Centro. Del griego "Kentron", centro.* El ángulo central tiene su vértice en el centro de un polígono regular. Los lados del ángulo atraviesan dos vértices del polígono. Se puede encontrar más de un **ángulo central** en un polígono, esto dependerá de su número de lados, todos congruentes entre sí. Para calcular cuánto mide un **ángulo central** se divide 360 entre el número de lados. Si el polígono es un cuadrado dividiremos 360 entre 4; el cuadrado tiene según la división anterior 4 ángulos centrales de 90 grados cada uno.

Ángulo completo ó perígono: Un **ángulo completo o perígono** es un ángulo de un giro completo, equivalente a 360°, 2π radianes o 400° centesimales.

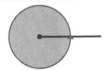

Ángulos complementarios: *Etim. de Complementarios. Del latín "completum" que significa completo,* porque un ángulo recto se consideraba un ángulo completo. Son dos ángulos cuya suma es un recto, o sea 90°, independiente que sean consecutivos o no.

Por ejemplo, en las gráficas se pueden ver que:

En la **Fig. 1**, los ángulos son complementarios porque 40° y 50° suman 90°.

En la **Fig. 2** son complementarios porque 27° y 63° suman 90°.

Y en la **Fig. 3** también son complementarios porque 68° y 22° suman igual 90°.

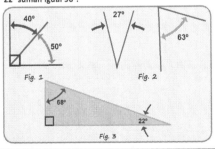

Fig. 1   Fig. 2   Fig. 3

Ángulo cóncavo ó ángulo entrante: *Etim. de Cóncavo. Del latín "cavus", cóncavo; en griego "kutos", cavidad.* Se conoce también como Ángulo entrante. Es el ángulo que mide más de 180º y menos de 360°.

Ángulos conjugados: *Etim. de Conjugado. Del latín "conjux", "gis", cónyuges, bajo un mismo yugo.* Son ángulos cuya suma es un ángulo completo, o sea 360°, independientemente que sean o no ángulos consecutivos.

Ángulos consecutivos: *Etim. de Consecutivo. Del latín "consequens", que sigue a otro.* Son aquellos ángulos que tienen un lado en común y comparten un mismo vértice. Varios ángulos serán consecutivos cuando compartan el mismo vértice y un lado con el ángulo siguiente. Los ángulos adyacentes son ejemplos de ángulos consecutivos.

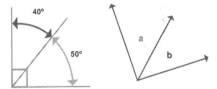

Ángulos contiguos: Véase Ángulos Consecutivos.

Ángulo convexo ó saliente: *Etim. de Convexo. Del latín "con-vexus";"vexi", del verbo "veho", llevar a cuesta,* es decir, encorvado como el que lleva a cuestas. Es el ángulo que mide más de 0° y menos 180°. Ampliar con Polígono convexo y Poliedro convexo.

Ángulo diedro: *Etim. de Diedro. Del griego "duo", dos, y "edra", cara; de dos caras.* Se denomina **ángulo diedro** cada una de las dos porciones del espacio comprendido entre dos semiplanos cuyo origen común es una recta. Los semiplanos se llaman caras del **ángulo diedro.**

Ángulo extendido ó ángulo llano: *Etim. de Extender. Del latín "extenděre", hacer que algo, aumentando su superficie, ocupe más lugar o espacio que el que antes ocupaba.* Un ángulo llano es el equivalente a un ángulo de medio giro o de 180°.

Ángulo externo ó ángulo exterior: *Etim. de Externo. Del latín "extra", fuera, "externus", lo que está fuera.* Es el ángulo formado por un lado de un polígono y la prolongación del lado adyacente. En cada vértice de un polígono es posible conformar dos ángulos exteriores, que poseen la misma amplitud. Cada ángulo exterior es suplementario del ángulo interior que comparte el mismo vértice. Por ejemplo, en un triángulo equilátero los ángulos externos miden 120 grados cada uno. Comparar con ángulos suplementarios.

Ángulo inscrito: *Etim. de Inscrito. Del latín "inscriběre", grabar.* Se llama **ángulo inscrito** en un arco de circunferencia al que tiene su vértice en un punto cualquiera de la circunferencia que contiene al arco y sus lados pasan por los extremos del arco.

Ángulo interno ó interior: *Etim. de Interno. Del latín "inter", entre, "internus", interno.* Es aquel cuyo vértice está en el interior de la circunferencia. La amplitud de un ángulo interior equivale a la semisuma de los arcos que abarca éste, y su opuesto por el vértice.

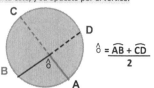

$$\hat{o} = \frac{\overset{\frown}{AB} + \overset{\frown}{CD}}{2}$$

También se dice que **ángulo interno** o **ángulo interior** es un ángulo formado por dos lados de un polígono que comparten un extremo común y que está contenido dentro del polígono. Un polígono simple tiene exactamente un **ángulo interno** por cada vértice.

Ángulo-Lado- Ángulo: Criterio *sobre congruencia de triángulos* que establece: "si dos triángulos tienen dos ángulos y el lado comprendido entre ellos es congruente entonces son congruentes". Por ejemplo, los triángulos **ABC** y **DEF** de la figura son congruentes. Véase congruencia de triángulos.

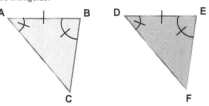

Ángulo llano: Véase ángulo extendido.

Ángulo nulo: *Etim. de Nulo. Del latín "nullus", falto de valor y fuerza para obligar o tener efecto.* Es el ángulo formado por dos semirrectas coincidentes, por lo tanto su abertura es nula, o sea de 0°.

Ángulo obtuso: *Etim. de Obtuso. Del latín "obtūsus","* *obtundĕre", despuntar, embotar.* Un **ángulo obtuso** es aquel mayor que un recto pero menor que un plano, o sea, comprendido entre 90° y 180°.

Ángulos Opuestos por el Vértice: *Etim. de Opuesto. Del latín "oppositus", opuesto.* Dos **ángulos opuestos por el vértice** son aquellos ángulos que resultan de la intersección de dos rectas; comparten el mismo vértice pero no son consecutivos; los ángulos opuestos son congruentes.

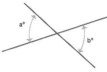

Angulo perígono: Véase ángulo completo

Ángulo poliedro: *Etim. de Poliedro. Del griego "polus ó polys", muchos, y "edro", cara o base; muchas caras.* En el espacio, dadas en un orden determinado tres o más semirrectas de origen común y no coplanarias, tales que el plano que determina cada dos consecutivas de ellas deja a las demás en un mismo lado de ese plano (es decir, en un mismo subespacio de los que el plano determina); se llama **ángulo poliedro** al conjunto comunes a todos esos semiespacios.

El origen común se llama vértice; y cada una de las semirrectas se llama arista.

En la gráfica ángulos poliedros.

Ángulo recto: *Etim. de Recto. Del latín "rego", "regere", dirigir, "rectus", recto, bien hecho, justo, derecho.* Un **Ángulo recto** es un ángulo equivalente a un cuarto de una revolución completa, o sea de 90°.

90°

Ángulos Suplementarios. *Etim. de Suplementario. Del latín "supplementum", que se añade a algo para hacerlo íntegro o perfecto.* Dos ángulos son considerados **suplementarios** si al sumarlos el resultado es de 180° (ángulo llano), independientemente que sean o no consecutivos. Por ejemplo, 40° y 140, 60° y 120°. Véanse Ángulo Extendido ó llano y Ángulos Complementarios.

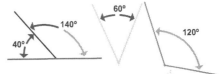

Ángulo triedro: Un **ángulo triedro** es un ángulo formado por tres semirrectas no coplanares que concurren en un punto llamado vértice.

Antecedente: *Etim. Del latín "antecēdens", "entis", que antecede.* **Antecedente** es el primer término en una razón. Compárese con consecuente.

$$\frac{a}{b} \begin{array}{l} \rightarrow \quad antecedente \\ \rightarrow \quad consecuente \end{array}$$

Antecesor: *Etim. Del latín "antecesor", "ōris", anterior en tiempo.* En una serie numérica, se refiere al número que se encuentra antes de otro. Compárese con sucesor.

Anteperíodo: En una expresión decimal periódica, el **anteperíodo** corresponde a los números que no se repiten dentro de la expresión y el período a los números que se repiten (sin considerar la coma o punto decimal). Por ejemplo, en el número 431.27812781278 el **anteperíodo** es 43 (no se repite) y el período 1278 (se repite).

Año: *Etim. Del latín "annus".* Unidad natural de tiempo; corresponde al período en el que la Tierra realiza una vuelta completa alrededor del Sol (traslación). Un año equivale a 365 días más seis horas. Las seis horas son compensadas cada cuatro años añadiendo un día más al calendario, formándose así el llamado año bisiesto.

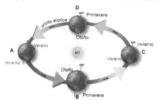

Año Luz: *Etim. de Luz. Del latín "lux", "lucis", que hace visible los objetos.* Un año luz es la distancia que recorre la luz en un año. Su valor es de 9.460.800.000.000. Kilómetros; este se obtiene multiplicando la velocidad de la luz en vacío, 300.000 Km/s por la cantidad de segundos que tiene un año: 31.536.000.

Apotema: *Etim. Del griego "apotomeus", dardo, "apotome", incisión, cortadura, "apotemno", cortar, rasgar, línea que corta o divide.* Representa la distancia desde el centro de un polígono regular hasta el punto medio de uno de sus lados. En una pirámide regular, la apotema la podemos localizar tanto en su base como en cualquiera de sus caras laterales.

Aproximación: *Etim. Del griego "aproserjomai", compuesta de "erjomai", llegar. No llegar cerca.* Palabra utilizada para expresar que un valor no es exacto, pero es lo suficientemente cercano para ser utilizado sin problema. Para representar que un valor es aproximado se utiliza el símbolo ≈.

$$\pi = 3.1416$$

Aproximado: *Etim. Del latín "proxĭmus", arrimar, acercar.* Indica que aunque un valor no es exacto, se acerca de forma favorable al valor real, y puede ser utilizado sin representar mayor problema. El símbolo utilizado para denotar que un valor es **aproximado** es ≈. Por ejemplo: *5/7 ≈ 0.71,* que quiere decir que 5/7 se aproxima a 0.71. Véase aproximación.

Árbol de Factores: *Etim. Del latín "arbor", "ŏris", planta y de "factor", "ŏris", que se multiplica para formar un producto.* Esquema que asemeja las ramas de un árbol. Es utilizado para descomponer números en factores. Cada factorización se coloca debajo del número factorizado tantas veces hasta que éste sea un número primo.

Luego: 30 = 2x3x5

Arco: *Etim. Del latín "arcus", el arco.* Nombre que se le da a una parte de una curva y se miden en unidades lineales (centímetros, pies, pulgadas, etc.) Generalmente al hablar de **arco** se refiere a un **arco** de circunferencia. Ver arco de circunferencia. Compárese con segmento.

Arco de Circunferencia: *Etim. de Circunferencia. Del latín "fero", "fers","ferre", y "circum", llevar alrededor.* Representa una parte de la circunferencia delimitada por dos puntos de la misma; las unidades empleadas para su medición son unidades lineales (centímetros, pies, pulgadas, etc.). Se suele representar con el símbolo ⌒ sobre las letras de sus puntos extremos; las letras se escriben en sentido contrario a las manecillas del reloj.

Área: *Etim. Del latín "área".* Extensión de una superficie comprendida dentro de un perímetro expresado en una determinada unidad de medida. En el sistema métrico la unidad de área es el metro cuadrado (m²). El **Área** representa también una unidad de superficie, equivalente a 100 m², es decir 10 m por 10 m (un decámetro cuadrado), utilizado generalmente en la medición de terrenos, aunque con mayor uso se utiliza su múltiplo la hectárea. Véase unidad de superficie y compárese con hectárea. Véase también sección de láminas didácticas "Áreas".

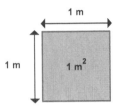

Área Basal: Es el área que comprende solamente la base de un cuerpo geométrico. Por ejemplo, la base de una pirámide, un cono, etc. En el caso de un prisma o cilindro, para el área basal se deben considera tanto área superior como inferior, sin tomar en cuenta el área lateral. Véase área total y área lateral.

Área Lateral: *Etim. de Lateral. Del latín "laterālis", situado al lado de algo.* Área de las superficies laterales de un cuerpo geométrico sin considerar la (s) de la(s) base (s). Compárese con área basal y área total.

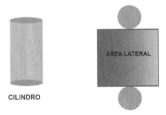

CILINDRO

Área total: *Etim. de Total. Del latín "totus", todo.* Suma de todas las áreas (caras) que forman un cuerpo geométrico;

incluye tanto el área basal como las áreas laterales. Compárese con área basal y área lateral.

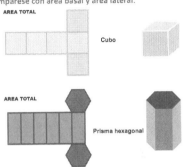

Argumento: *Etim. Del latín "argumentum", razonamiento.* Razonamiento que se emplea para probar o demostrar una proposición o teorema. En una función, el **argumento** es la variable que afecta el resultado de dicha función, en otras palabras, es el valor que le damos a la variable independiente para evaluarla. Por ejemplo, al comprar un helado de $ 3, la función que nos da el costo de "n" número de helados sería: Precio total = 3 x (n); donde 3 es el valor de un helado y "n" el número de helados, entonces cambiando el valor de "n" (argumento) tenemos diferentes valores (costos).

Arista: *Etim. Del griego "aristos", lo más principal.* Es la línea donde dos superficies se encuentran; en el caso de un cuerpo geométrico es toda línea que resulta de la intersección de dos de sus caras; es por eso que dos caras tienen una **arista** en común. Para calcular el número de aristas en un poliedro, sumamos el número de caras más el número de vértices y al final le restamos 2.

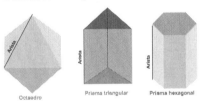

Aritmética: *Etim. Del griego "arithmos", número, y "tejne", ciencia.* Es una rama de la matemática que estudia estructuras numéricas elementales, los algoritmos de las operaciones y sus propiedades. En ella se incluyen los cálculos básicos de suma, resta, multiplicación, división, fracciones, proporciones, porcentajes, cálculo de áreas y volúmenes básicos.

b

b

Arroba: *Etim. Del hispano "arrúb", "rub", cuarta parte.* La **arroba** es una antigua unidad de masa, equivalente a 25 libras y aproximadamente 12.5 kilogramos. Prácticamente en desuso por la adopción del sistema métrico decimal. Actualmente el símbolo de **arroba** (@) se utiliza para separar el nombre básico de una persona y su cuenta de correo de internet. Ejemplo, mariaperez87@hotmail.com

Ascendente: *Etim. Del latín "ascendo", subir: el que sube.* Que va en aumento, que va o está organizado de menor a mayor o de abajo hacia arriba. Por ejemplo, al organizar los números 13,5,24,32,2, en orden ascendente entonces tenemos 2,5,13,24,32.

Asimetría ó Asimétrico: *Etim. Del griego "a", sin, "sun", con y "metron", medida. Sin medida.* Se refiere a la falta de simetría en una figura, es decir que no posee dos mitades idénticas. Véase simetría.

SIMÉTRICO

ASIMÉTRICO

ASIMÉTRICO

Asociativa (propiedad asociativa): *Etim. Del latín "associāre", unirse, juntarse.* Propiedad de ciertas operaciones como la suma y la multiplicación que muestra el carácter binario de las mismas y que al operar tres o más números hay que agruparlos de a dos en dos y cualquiera que sea el orden elegido el resultado es el mismo. Por ejemplo, en el caso de la multiplicación tenemos que (a x b) x c = a x (b x c); (3x4) x 5 = 3 x (4x5) ; 60=60; en el caso de la suma tenemos que (a + b)+ c = a + (b + c); (2+3)+4 = 2+(3+4); 9=9.

Azar: *Etim. Del hispano "azzahr", "zahr", dado, flores.* Acontecimiento imprevisible. Se refiere a los fenómenos o eventos que no presentan una secuencia u orden en su acontecer, es decir, suceden en forma aleatoria. Por ejemplo, los dados, la ruleta, la lotería, las rifas, son ejemplos del azar por lo que se les conoce como "juegos de azar".

Juegos de azar.

Balanza: *Etim. Del latín "bilancia", "bilanx", "ncis", que sirve para pesar.* Es un instrumento utilizado para medir con exactitud la masa de un objeto. Se equilibra la masa del objeto a medir con masas con pesos conocidos hasta determinar su equivalencia.

Barril: Corresponde a la Unidades de medida de volumen. Es usado para envasar petróleo, por lo que se le conoce también como **barril** de petróleo. En un **barril** se puede envasar hasta 159 litros o 42 galones de petróleo o cualquier otro líquido.

Base en la Geometría ó Base Geométrica: *Etim. de Geometría. Del griego "geo", tierra, y "metron", medida, medida de la tierra.* Base de una figura o cuerpo geométrico es la línea o superficie inferior; lado sobre el que se asienta un polígono. Se representa con la letra "b".

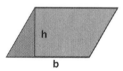

Base en una potencia: *Etim. de Potencia. Del latín "potentia", potencia, poder, facultad.* En una potencia, base es el número que se multiplica por sí mismo varias veces. Una potencia consta de dos partes: la base y el exponente. El exponente nos indica la cantidad de veces

que la **base** se debe multiplicar por sí misma. Por ejemplo:

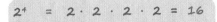

$$2^4 = 2 \cdot 2 \cdot 2 \cdot 2 = 16$$

Donde 2 corresponde a la **base** y 4 el exponente o número de veces que se multiplica la **base** por sí misma. Véase Potencia.

Base mayor: *Etim. de Mayor. Del latín "major", en griego, "mexion".* Si tomamos un trapecio, la **base mayor** corresponde al mayor de los lados paralelos.

Base menor: *Etim. de Menor. Del latín "minor", menor, "minuo", disminuir; en griego, "mion", menos, "minuos", pequeño.* En un trapecio, la **base menor** corresponde al menor de los lados paralelos.

Basta numérico: *Etim. Del germánico "bastjan", zurcir, coser, y del latín "numericus", relativo a los números.* Juego o actividad mexicano en la que los niños desarrollan las cuatro operaciones básicas de forma mental. Dependiendo de la operación que se quiera reforzar, el signo de los números debe cambiar.

Forma de juego:

- Se les puede pedir a los niños dibujar una tabla en su cuaderno o entregar a los niños la tabla para desarrollar la actividad.

+	+3	+8	+4	+9	+5	Resultados correctos

Se puede realizar de forma grupal o por equipos.

- Se le pide a un alumno cuente del 1 al 10 en su mente y a otro que le diga **"BASTA"** cuando él quiera. Se anota el número en la primera línea y se realiza la suma del número mencionado por el alumno con el número que aparece en el recuadro azul.

+	+3	+8	+4	+9	+5	Resultados correctos
6		14	10	15	11	

- El alumno que termine primero dice en voz alta **"BASTA"** y comienza a contar hasta el número 10. En el momento en que llegue a ese número todos dejan de escribir. El maestro menciona los resultados correctos en voz alta y los alumnos marcan sus errores. Y anotan sus resultados correctos.

+	+3	+8	+4	+9	+5	Resultados correctos
6	9	14	10	15	11	

Ejemplo: De tablas según la operación:

Resta (En el caso de la resta el número a pensar deberá de ser mayor a los que se anoten).

-	-3	-8	-4	-9	-5	Resultados correctos

Multiplicación

x	x3	x8	x4	x9	x5	Resultados correctos

División (En el caso de la de la división procurar que el número a pensar sea divisible entre los que se escriban.)

/	/3	/8	/4	/9	/5	Resultados correctos

Bidimensional: Figura que contiene solamente dos dimensiones. Ejemplo: Los polígonos o círculos son figuras planas **bidimensionales** ya que no tienen profundidad. Ver dimensión.

Binaria: *Etim. Del Latín "binarius", derivada de "bis"; lo que consta de dos partes.* Compuesto por dos elementos. Ejemplo, la suma es una operación binaria, es decir, siempre se suma de a dos en dos cifras. 1+1= 2; 10 + 2 = 12, etc. Véase operación binaria.

Binario: *Etim. Del latín "binarius".* Compuesto de dos elementos, unidades o guarismos. Sistema Binario o de base dos, quiere decir que es un sistema posicional que utiliza solamente dos dígitos o cifras distintas, 0 y 1, en vez de las diez del sistema decimal y agrupación de potencias de 2 para representar cualquier cantidad. Por ejemplo: 2 se escribe 10, 36 es 11, 16 es 10.000. Compárese con decimal.

Bisecar: *Etim. Del latín "bis", dos veces, y "seco", "as", "are", cortar o dividir en partes.* Dividir una figura en dos partes iguales. Término usado más comúnmente para ángulos y segmentos.

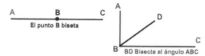

El punto B biseta

BD Bisecta al ángulo ABC

Bisectriz: *Etim. Del latín "bis", dos veces, y "seco", "as", "are", cortar o dividir en partes.* Es la semirrecta con origen en el vértice del ángulo que lo divide en dos partes iguales.

Borde: *Etim. Del franco "bord", lado de la nave* Orilla o límite de una figura. Véase perímetro

En la gráfica cada lado y sus vértices son el borde.

Botella: Recipiente de cuello largo y angosto usado para contener líquidos. Unidad de medida de capacidad usada en el sistema inglés y cuya equivalencia es 756.3 ml.

Fig. Botella

C

Caja de Valores ó Tabla de Valores: *Etim. Del latín "capsa", y "valor", "ōris".* Herramienta utilizada para organizar en filas y columnas datos, números o cantidades que permitan una fácil lectura, compresión o asimilación de los conceptos. Por ejemplo, tabla posicional, tablas de asistencias, tablas de multiplicar, etc. Véase tabla de numeración posicional.

¿Que deporte haces?

DEPORTE	GENTE
Futbol	106
Tenis	45
Gimnasia	54
Natación	82
Pista	68

Tabla de Medallas

Posición	País	Puntaje
1	México	9
2	Argentina	8
3	Ecuador	7
4	Eslovaquia	7
5	Costa Rica	5
6	Rimania	4
7	Paraguay	3
8	Colombia	3
9	Panamá	3

Calcular: *Etim. Del griego "kaxlex", en latín "calculus", cálculo, piedrecilla.* Proceso de obtener un resultado mediante el uso de los algoritmos de las operaciones matemáticas como la suma, resta, multiplicación, porcentaje, etc... Por ejemplo, queremos conocer el costo de 15 naranjas, y sabemos que cada una de ellas cuesta $2, entonces para obtener el resultado realizamos la siguiente operación: 15 x 2 = $30.

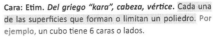

Calculadora: *Etim. Del latín "calculātor", "ōris"* Máquina utilizada para realizar cálculos matemáticos de forma rápida y exacta. Compárese con cálculo mental.

Cálculo: *Etim. Del griego "kaxlex", en latín "calculus", cálculo, piedrecilla.* Operación que se realiza para conocer el valor de una incógnita mediante el uso de las diferentes operaciones matemáticas y en ocasiones, por medio del uso de fórmulas establecidas. Véase calcular.

Cálculo estimado ó cálculo aproximado: *Etim. de Estimado. Del latín "Aestimāre", evaluar algo.* Proceso mediante el cual se intenta determinar el resultado de una o varias operaciones matemáticas procediendo con instrumentos de medida que, a diferencia del cálculo mental que trabaja con datos exactos, por muy finos que sean aquellos siempre tienen un margen de error. Compárese con cálculo mental.

Cálculo Mental: *Etim. Del griego "kaxlex", en latín "calculus", cálculo, piedrecilla y "mentālis".* Proceso mediante el cual se determina el resultado de una o varias operaciones matemáticas propuestas, sin el uso de calculadoras, lápiz y papel u otro medio físico, sino valiéndose únicamente de la mente.

Cantidad: *Etim. Del latín "quantias", derivada de "quantum"; cuanto, cantidad, magnitud.* Es el número resultado de una medición, de un conteo de unidades, de una operación matemática. Por ejemplo, 20 Kg., 30 m, 7 horas son el resultado de una medición.

Capacidad: *Etim. Del latín "capacitas".* Se refiere a la cantidad de una sustancia- generalmente líquida- que un recipiente puede contener (taza, botella, tanque, caja, etc.)". En el sistema métrico decimal, se expresa en litros **(l)** y mililitros **(ml)**. La **capacidad** de un recipiente es también el volumen del objeto o sustancia que lo llena. Compárese con volumen.

Cara: Etim. *Del griego "kara", cabeza, vértice.* Cada una de las superficies que forman o limitan un poliedro. Por ejemplo, un cubo tiene 6 caras o lados.

Cardinal: *Etim. Del latín "cardinālis".* Número entero que representa la cantidad de elementos que tiene un conjunto. Por ejemplo, el cardinal del conjunto C = {5, 7, 8, 3} es 4; el cardinal del conjunto vacío es 0.

Cartabón: *Etim. De "escartabon" y del italiano "quartabono".* Instrumento de trazo utilizado en dibujo técnico, utilizada junto con escuadra y regla para el trazo de líneas paralelas, perpendiculares, o con ángulos. Tiene forma de un triángulo escaleno cuyos ángulos son de 30°, 60° y 90°, por lo que también es conocida como escuadra 30-60. Existen de diversos tamaños y materiales y consta de una escala gráfica para facilitar mediciones.

Cateto: *Etim. Del griego "kathetos", perpendicular, derivada de "kathos", recto, conforme.* Son los lados menores en un triángulo rectángulo; se encuentran opuestos a los ángulos agudos. Véase hipotenusa.

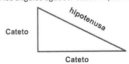

Cateto adyacente: *Etim. Del latín "cathĕtus", y este del griego "κάθετος", perpendicular, y "adiăcens", "entis", en proximidad.* Es el cateto que, en un triángulo rectángulo, forma un ángulo agudo con la hipotenusa.

Fig: Triángulo rectángulo donde vemos el cateto adyacente al ángulo señalado por la flecha".

Cateto opuesto: *Etim. de Opuesto. Del latín "opposĭtus".* Es el cateto que, en un triángulo rectángulo, esta opuesto al ángulo agudo.

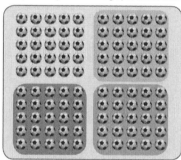

Centena, centena neta o centena simple: *Etim. Del latín "centēnus".* Agrupación de 100 unidades. Equivale a 10 decenas. Las **Centenas** de acuerdo al sistema de numeración decimal, corresponde al dígito que ocupa la tercera posición a la izquierda del punto decimal. Por ejemplo, en el número 875, es el número 8 ocupa la tercera posición e indica que tenemos 8 grupos de 100; en el número 1273.57, el número 2 ocupa la posición de las centenas, e indica que tenemos 2 grupos de 100 unidades.

Centena de Millar (CM): *Etim. Del latín "centēnus" y "milliāre".* Corresponde al dígito que ocupa la sexta posición o sexto orden a la izquierda del punto decimal en el sistema de numeración decimal. Por ejemplo, en el número: 8 631 370 el 6 ocupa el lugar de las centenas de millar. Véase tabla de numeración posicional.

Centena de Millón (CMi): *Etim. Del latín "centēnus" y del francés "million", o del italiano "milione".* Corresponde al dígito que ocupa la novena posición o noveno orden a la izquierda del punto decimal en el sistema de numeración decimal (100 000 000). Se puede formar también por la agrupación de 10 decenas de millón. Por ejemplo, en el número 7 356 892 589. 25, el número 3 ocupa la novena posición a la izquierda del punto decimal perteneciente a las centenas de millón e indica que se tienen **300 000 000** elementos o lo que es igual a **3** grupos de **100 000 000**. Véase tabla de numeración posicional.

Centésima (c). *Etim. Del latín "centesimus".* Representa una de cien partes iguales en que se ha dividido una unidad o un todo. También corresponde al dígito que ocupa la segunda posición o segundo suborden a la derecha del punto decimal en el sistema de numeración decimal. Por ejemplo, en el número 1.076, el número 7 ocupa la segunda posición a la derecha del punto decimal perteneciente a las centésimas e indica que se tiene **7** centésimas partes de la unidad que se dividió.

c

Centigramo (cg): *Etim. De "centi", cien y del griego "γραμμα", escrúpulo.* Unidad de medida de masa, submúltiplo del gramo (g), equivale a la centésima parte de un gramo. Es utilizada principalmente por laboratorios por ser una unidad de medida muy pequeña. Amplíese en láminas didácticas de unidades de medidas.

Centilitro. (cl, cL): *Etim. De "centi", cien y "litro" y éste del francés "litre".* Unidad de medida de capacidad, submúltiplo del litro (l); equivale a la centésima parte de un litro. Amplíese en láminas didácticas de unidades de medidas.

Centímetro (cm): *Etim. De "centi", cien, y "metron", medida.* Unidad de medida de longitud, submúltiplo del metro (m), que corresponde a la centésima parte de éste. Véase en láminas didácticas de unidades de medida.

Centímetro cuadrado (cm²): *Etim. De "centi" y "metron", medida, y del latín "quadra", "quadratus", cuadrado.* Es una unidad de medida de superficie, submúltiplo del metro cuadrado (m²), equivalente a una diezmilésima parte de éste. Corresponde al área de un cuadrado cuyos lados miden un cm. Utilizado para medir pequeñas áreas. Véase en láminas didácticas de unidades de medida.

Centímetro cúbico (cm³): *Etim. De "centi" y "metron", medida y del latín "cubĭcus", y éste del giego "κυβικός".* Unidad de volumen, submúltiplo del metro cúbico (m³); corresponde al volumen que ocupa un cubo que mide un centímetro por lado. Es equivalente a la millonésima parte de un metro cúbico y también equivalente a un mililitro (1 cm³ = 1 ml).

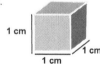

Centro: *Etim. Del griego "kentron", centro.* En un polígono regular, representa un punto interior equidistante a los vértices del polígono; el centro del polígono también corresponde al centro de las circunferencias circunscrita e inscrita. Generalmente representado por las letras **C** u **O**. Véase centro de una circunferencia.

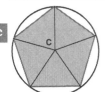

Centro de una circunferencia: *Etim. Del griego "kentron", centro y del latín "fero", "fers", "ferre" y "circum", llevar alrededor.* Es el punto coplanario con los puntos de la circunferencia equidistante de cada uno de ellos. Es representado por las letras **C** u **O**. de su circunferencia.

Centuria ó Siglo: *Etim. Del latín "centuria".* Es una unidad de tiempo; representa un período que comprende cien años. Para indicar los siglos se utilizan generalmente los números romanos. Véase lámina didáctica numeración maya, romana y egipcia.

Cienmilésima (cm): *Etim. De "cienmilésimo".* Representa una parte de cien mil partes iguales en que se ha dividido la unidad o un todo. También corresponde al dígito que ocupa la quinta posición o quinto suborden a la derecha del punto decimal en el sistema de numeración decimal. Por ejemplo, en el número 12.056376, el número 7 ocupa la quinta posición a la derecha del punto decimal perteneciente a las cienmilésimas e indica que se tienen 7 cienmilésimas partes de la unidad dividida.

Cifra: *Etim. Del griego "siglai", cifra; y esta del hebreo "seohera", número.* Es cada uno de los símbolos usados para representar un número; el 0, 1, 2, 3, 4, 5, 6, 7, 8, y 9 son cifras o dígitos que se utilizan para formar números. Así decimos, por ejemplo, que el número 5641 consta de cuatro cifras. Véase dígito.

Cilindro: *Etim. Del griego "kulindo", yo arrollo, envuelto; es decir, en figura de rollo o cosa arrollada.* Cuerpo geométrico generado al desplazar un círculo perpendicularmente al plano que determina, o por la rotación de un rectángulo en torno a uno de sus lados. Tiene dos bases circulares congruentes y una cara lateral. Puede ser considerado como un prisma con base circular (considerando la circunferencia como un polígono con infinito número de lados). Compárese con prisma y cono.

  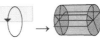

Cinta Métrica: *Etim. de cinta. Del latín "cinctus", faja, ceñidor.* Instrumento utilizado para medir distancias; existen en diversas formas, tamaños y materiales; están graduadas en unidades del sistema internacional (metros, centímetros y milímetros) e inglés (pies y pulgadas). Por ejemplo, se puede utilizar para medir el largo, ancho y altura de un salón de clases.

Círculo: *Del griego "kirkos", circo ó círculo.* Área o superficie plana contenida dentro de una circunferencia. El círculo incluye a la circunferencia y su superficie interna. La distancia entre el centro y un punto de la circunferencia que lo bordea es el radio. El área del círculo se calcula mediante la fórmula: $A = \pi r^2$. Compárese con circunferencia.

Fig. de un Círculo.

Circunferencia: *Etim. Del latín "fero", "fers", "ferre" y "circum", llevar alrededor.* Es una línea curva cerrada cuyos puntos son equidistantes a otro llamado centro. La distancia entre el centro y uno de sus puntos se le conoce como radio de la **circunferencia**. Para calcular la longitud o perímetro de una circunferencia aplica la siguiente fórmula: $L = 2\pi r$. Compárese con círculo.

Circunferencias Concéntricas: *Etim. Del latín "fero", "fers", "ferre" y "circum", llevar alrededor y del latín "cum-centricus", del mismo centro.* Cuando dos o más circunferencias comparten un mismo centro. Véase circunferencia interior.

Fig. Circunferencias concéntricas

Circunferencias exteriores: *Etim. Del latín "fero", "fers", "ferre" y "circum", llevar alrededor y del latín "extra", fuera, "externus", lo que está fuera.* Circunferencias que se encuentran una fuera de otra, no comparten ningún punto en común y la distancia entre sus centros es mayor que la suma de sus radios. Véase circunferencia interior.

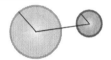

Circunferencia interior: *Etim. Del latín "fero", "fers", "ferre" y "circum", llevar alrededor y del latín "internus", interno.* Se llama así a la circunferencia que se encuentra dentro de otra, sin tocarla; existen circunferencias interiores excéntricas que son las que no tiene ningún punto en común y la distancia entre sus centro es menor que la diferencia de sus radios; y circunferencias interior concéntricas cuando tiene el mismo centro pero distintos radios. Véase circunferencias concéntricas y exteriores.

Circunferencias secantes: Circunferencias que tienen dos puntos en común. En ellas la distancia entre sus centros es mayor que la diferencia de sus radios.

Circunferencias tangentes exteriormente: *Etim. Del latín "fero", "fers", "ferre" y "circum", "tangens", "entis" y "exterior", "ōris".* Circunferencias que, cuando encontrándose una por fuera de la otra, tienen un punto

común; en ellas la distancia entre sus centros es igual a la suma de sus radios. Compárese con circunferencias tangentes interiores.

Circunferencias tangentes interiores: *Etim. Del latín "fero", "fers", "ferre" y "circum", "tangens", "entis" e "interior", "ōris".* Circunferencias que, cuando estando una dentro de la otra, tienen un único punto en común. La distancia entre sus centros es igual a la diferencia de sus radios.

Circunscrito (a): *Etim. Del latín "circumscriptus".* Figura que envuelva exteriormente a otra. En el caso de un polígono regular, está **circunscrito** en una circunferencia si todos sus lados son tangentes a la circunferencia; en éste caso, el centro de la circunferencia coincide con el centro del polígono **circunscrito**. Compárese con inscrito.

Clase: *Etim. Del latín "classis".* Nombre utilizado para designar al grupo de tres órdenes en una cantidad o número. Las clases se cuentan siempre de izquierda a derecha del punto decimal. Primero está la llamada primera clase, constituida por las unidades, decenas y centenas; después la segunda clase, con los millares, las decenas de millar y las centenas de millar: luego la tercera clase, constituida por los millones, las decenas de millón y las centenas de millón, etc. Véase orden y tabla de numeración posicional.

TERCERA CLASE			SEGUNDA CLASE			PRIMERA CLASE		
CENTENA DE MILLÓN	DECENA DE MILLÓN	UNIDAD DE MILLÓN	CENTENA DE MILLAR	DECENA DE MILLAR	UNIDAD DE MILLAR	CENTENAS	DECENAS	UNIDADES

Clase de las unidades de millar: *Etim. Del latín "classis", clase, de "unĭtas", "ātis", unidades y de "milliāre", mil.* Representa la segunda clase del sistema de numeración decimal, con las unidades de millares (UM), las decenas de millar (DM) y las centenas de millar (CM). Por ejemplo, en el numero 234789651, los números 7, 8 y 9, corresponden a la clase de las unidades de millar o segunda clase. Véase tabla de numeración posicional.

TERCERA CLASE			SEGUNDA CLASE			PRIMERA CLASE		
CENTENA DE MILLON	DECENA DE MILLON	UNIDAD DE MILLON	CENTENA DE MILLAR	DECENA DE MILLAR	UNIDAD DE MILLAR	CENTENAS	DECENAS	UNIDADES

Clase de las unidades de millón: *Etim. de Millón. Del francés "million", o del italiano "milione".* Representa la tercera clase del sistema de numeración decimal, constituida por las millones (UMi), las decenas de millón (DMi) y las centenas de millón (CMi). Por ejemplo, en el número 234789651, los números 2, 3 y 4, corresponden a la clase de las unidades de millón o tercera clase. Véase tabla de numeración posicional.

TERCERA CLASE			SEGUNDA CLASE			PRIMERA CLASE		
CENTENA DE MILLON	DECENA DE MILLON	UNIDAD DE MILLON	CENTENA DE MILLAR	DECENA DE MILLAR	UNIDAD DE MILLAR	CENTENAS	DECENAS	UNIDADES

Clase de las unidades simples: Primera clase del sistema de numeración decimal, constituida por las unidades (U), decenas (D) y centenas (C). Por ejemplo, para el número 7845, los números 8, 4 y 5 corresponden a la primera clase o **clase de las unidades simples**, y que posicionalmente representan las centenas, decenas y unidades respectivamente. Véase tabla de numeración posicional.

845

Clasificar: *Etim. Del latín "classificāre".* Organizar en grupos o conjuntos elementos de acuerdo a una característica o propiedad en común. Por ejemplo, clasificar elementos de acuerdo al color, al número de lados, a las personas por edades, etc.

Clasificación por número de lados

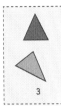  

| 3 | 4 | 5 |

Clave: *Etim. Del latín "clavis", llave.* Símbolo pictográfico (dibujo, figura), al que se le asocia un determinado valor dentro de un mismo ejercicio o varios. Por ejemplo, si en un ejercicio asignamos el valor de 5 kg a la figura o dibujo de una naranja, y aparecen 5 naranjas juntas, esto quiere decir que esas imágenes equivalen a 25 kg; y si aparecen 7 naranjas juntas equivalen a 35 kg, etc. Véase gráfico pictórico.

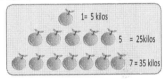

1 = 5 kilos
5 = 25 kilos
7 = 35 kilos

Cociente: *Etim. Del latín "quotĭes", cuantas veces.* Nombre o término que se le da a la respuesta o resultado en una división. Por ejemplo, en la división 15 ÷ 5 = 3; el número 3 corresponde al cociente o resultado, en tanto que el número 15 es el dividendo y el 5 es el divisor. Véase dividendo, divisor y residuo.

Dividendo ÷ Divisor = Cociente

Codo: *Etim. Del latín "cubĭtus".* Unidad de medida de longitud, utilizada por muchas culturas antiguamente; su valor variaba de región a región. En la mayoría de los casos era la distancia que estaba entre el codo y el final de la mano abierta (palma). De manera general se puede decir que un codo equivale a 42 cm aproximadamente.

Codo

Coeficiente: *Etim. De "Co" y "eficiente del latín "cum" que significa 'reunión', "cooperación" o "agregación" y del latín "efficiens, -entis", que tiene eficiencia.* Número, factor constante o parámetro que indica la cantidad de veces por las que se debe multiplicarse una expresión matemática, y que está situado generalmente a su izquierda; **Coeficiente** también es el factor numérico de un monomio. Ejemplo: en la expresión 12x, el 12 es el coeficiente.

En Física y Química es la expresión numérica de una propiedad o característica de un cuerpo, que generalmente se presenta como una relación entre dos magnitudes, o el número que expresa el valor de una propiedad o un cambio en relación con las condiciones en que se produce. Ejemplo: *el coeficiente de dilatación de los cuerpos es la relación que existe entre la longitud o el volumen de un cuerpo y la temperatura.*

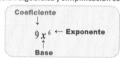

Coeficiente numérico: *Etim. de numérico. Del latín "numericus", perteneciente o relativo a los números.* Factor multiplicativo constante de un objeto específico. Cantidad numérica o letra que se encuentra a la izquierda de la base, la cual indica la cantidad de veces que la base se debe sumar o restar dependiendo del signo que tenga. Ejemplos: $7x^4 = x^4 + x^4 + x^4 + x^4 + x^4 + x^4 + x^4$

$-3x^2 = -x^2 - x^2 - x^2$

En la expresión $9x^2$, el coeficiente de x^2 es 9. En álgebra elemental, coeficientes numéricos de términos semejantes se agrupan para simplificar las expresiones algebraicas. Véase expresión algebraica y simplificación con paréntesis.

Colineales: Que corresponden a una misma línea recta, cuando más de dos puntos pertenecen a una misma línea recta. Véase Puntos colineales.

Fig: En cada recta se muestran tres puntos colineales, es decir, pertenecientes a ellas.

Columna: *Etim. Del latín "columna".* Corresponde al grupo de valores ordenados en forma vertical (uno sobre otro) y que forman parte de un cuadro o tabla de valores. Compárese con fila.

	Columna	Columna
	Frutas	**Kilos**
Fila	Peras	1
Fila	Manzanas	3
Fila	Naranjas	1
Fila	Uvas	1
Fila	Sandía	3
Fila	Melón	2

Coma decimal: *Etim. Del latín "komma", en latín "comma", inciso y del latín "decimal", derivado de "decem".* Símbolo utilizado para separar la parte entera de la parte decimal en un número. Cuando un número es entero (sin parte decimal) no es necesario escribir **coma decimal.** En algunos países no se hace uso de la coma decimal, sino del punto decimal, imponiéndose este último por el uso de las calculadoras electrónicas.

Punto decimal

3 2 7.4

Coma decimal

3.1 4 1 6

Comisión: **Etim.** *Del latín "commissio", "ōnis".* Corresponde al monto o cantidad (porcentaje) de dinero que un servicio o artículo genera por realizar con él una transacción comercial. Véase porcentaje.

Comparar: *Etim. Del latín "comparatio", derivado de "comparare", compuesto de "cum" y "parare", ordenar, colocar, mirar, con relación a.* Proceso de examinar las semejanzas o diferencias existentes entre dos o más elementos. Por ejemplo, comparar la estatura de dos niños (altura), en dos cantidades cual es mayor y cual es menor, etc. Véase estimación.

Compás: *Etim. De "compasar" y éste del latín "cum", con, y "passus", paso.* Instrumento de dibujo, utilizado para el trazo de circunferencias, arcos, comparar y trasladar distancias, etc. Consta de dos brazos, uno afilado y otro dispuesto con un lápiz o adaptador para puntillas, estilógrafos, etc., unidos mediante una bisagra que se puede regular fácilmente para obtener diferentes distancias.

Completar: *Etim. de "completo" y éste del latín "complētus", de "complēre", terminar, completar.* Determinar el término o número que falta para satisfacer una determinada operación. Por ejemplo, en la operación 7 x _ = 28, el número que falta para satisfacer la operación es el número 4, ya que cualquier otro valor (número) no correspondería con el resultado que tenemos.

Composición: *Etim. Del latín "compositus", compuesto, ordenado, es decir, puesto con.* Forma en que interactúan dos o más elementos para formar un todo o resultado mediante el uso de operaciones matemáticas. Véase composición aditiva.

Composición aditiva: *Etim. Del latín "compositus", compuesto, ordenado, es decir, puesto con y de "inaddĕre", de "addĕre", añadir.* Forma en que interactúan dos o más números para conseguir un resultado mediante una suma o adición. Por ejemplo, la composición aditiva de 6 y 5 es 11, porque 6 + 5 = 11. Véase composición multiplicativa.

Composición multiplicativa: *Etim. Del latín "compositus", compuesto, ordenado, es decir, puesto con y de "multiplicāre", aumentar.* Forma en que interactúan dos o más números para conseguir un resultado mediante una multiplicación. Por ejemplo, la composición multiplicativa de 3 y 5 es 15, porque 3 x 5 = 15. Véase composición sustractiva y composición aditiva.

Composición sustractiva: *Etim. Del latín "compositus", compuesto, ordenado, es decir, puesto con y de "restāre", restar, sustraer.* Forma en que interactúan dos o más números para conseguir un resultado mediante una sustracción o resta. Por ejemplo, la composición sustractiva de 8 y 2 es 6, porque 8 − 2 = 6. Véase composición multiplicativa y aditiva.

Común denominador: *Etim. Del latín "commūnis" y de "denominātor", "ōris".* En una fracción, **común denominador** se refiere a que dos o más fracciones tienen el mismo denominador, lo cual simplifica las operaciones entre dichas fracciones. Véase fracciones homogéneas.

$$\frac{2}{5} + \frac{1}{5}$$

Numeradores — Denominadores

Cóncavo: *Etim. Del latín "cavus", cóncavo, en griego "kutos", cavidad.* Superficie o línea curva que tiene en el centro su parte más hundida. Es importante considerar el lado o perspectiva del objeto desde donde se le mira ya

que puede ser **cóncavo** en un sentido y convexo en el otro. También puede referirse a un ángulo **cóncavo**, que es aquel mayor de 180° y menor de 360°. Compárese con convexo.

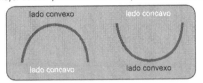

lado convexo — lado cóncavo
lado cóncavo — lado convexo

Concéntrico: *Etim. Del latín "cum-centricus", del mismo centro.* Objetos o figuras que tienen el mismo centro que otros; las figuras concéntricas pueden tener diferentes radios. Por ejemplo, discos, esferas, círculos. Véase circunferencias concéntricas.

Fig: Figuras concéntricas

Congruente: *Etim. Del latín "congruere", convenir a un tiempo.* Relación que existe entre figuras del mismo tamaño y forma; coinciden exactamente cuando se sobreponen. En ángulos, se denomina congruentes a aquellos que tienen la misma medida. En el caso de dos líneas, éstas son congruentes si tienen la misma longitud.

110° 110°

Conjunto: *Etim. Del latín "conjunctus", unido, ayuntado.* Grupo de objetos considerados como un todo; a los objetos de un **conjunto** se les llama elementos; los elementos de un **conjunto** pueden ser cualquier cosa (números, personas, letras, etc.) A tales elementos o sus propiedades se les coloca entre llaves { }; para designar a los **conjuntos** se emplean letras mayúsculas (A, B, C, etc.); un **conjunto** no posee elementos repetidos. Véase conjunto finito e infinito.

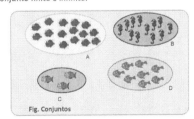

Fig. Conjuntos

Conjunto finito: *Etim. de Finito. Del latín "finis", el fin; es decir, lo que tiene fin.* Conjunto que posee una cantidad limitada de elementos distintos. Por ejemplo, el conjunto de vocales; dicho conjunto tiene 5 elementos {a, e, i, o, u}; el conjunto de los meses del año que tiene 12 elementos {enero, febrero, marzo, abril,...}; el conjunto de días de la semana que consta de 7 elementos {lunes, martes, miércoles,...} Compárese con conjunto infinito.

Conjunto infinito: *Etim. de Infinito. Del latín compuesto de "in", partícula negativa y "finito", que tiene fin; o sea, que no tiene fin.* Conjunto que posee una cantidad ilimitada de elementos. Por ejemplo, el conjunto de los números naturales {0,1,2,3,4,5,6,7,8,9,10,11,12,13,...} Compárese con conjunto finito.

Conjunto solución: *Etim. de Solución. Del latín "solutĭo", "ōnis".* Conjunto en el que se halla(n) la (s) solución (es) para una determinada ecuación, es decir en ese conjunto se encuentra (n) los valores que satisfacen o cumplen dicha ecuación. Por ejemplo, en 2x + 1 = 7, un valor para "x" que hace que la igualdad sea verdadera es 3 porque 2(3) + 1 = 7; 6 + 1=7, entonces el conjunto solución para tal ecuación es S = {3}.

Conjunto unitario: *Etim. de Unitario. Del latín "unĭtas", unidad.* Conjunto formado por un solo elemento. Un conjunto es unitario si su cardinalidad es 1. Por ejemplo, {números pares entre 4 y 8} = {6}; {la capital de Canadá} = {Ottawa}.

Conjunto vacío: *Etim.de Vacío. Del latín "vacīvus", vacío.* Conjunto que carece de elementos. La cardinalidad en un conjunto vacío es 0; se representa solo con { }. Por ejemplo, conjunto de personas mayores a 150 años; conjunto de meses del año que inician con z.

Conjuntos disjuntos o disyuntos: *Etim. de Disjuntos. Del latín "disiunctus", desunido.* Conjuntos que no se intersecan, es decir, no tienen elementos en común. Por ejemplo, el {conjunto de meses} y el {conjunto de días de la semana}.

Conjuntos heterogéneos: *Etim.de Heterogéneos. Del latín "heterogenĕus", y este del griego ""τερογεν"ς".* Conjuntos en que sus elementos son distintos entre sí, de diferente clase o especie. Por ejemplo, los conjuntos {gato, perro, loro} y el conjunto {manzana, naranja, pera}; un conjunto es de animales y el otro de frutas.

Conjunto homogéneo: *Etim. de Homogéneos. Del latín "homogenĕus", y este del griego "όμογενής".* Conjuntos que sin ser iguales sus elementos, pertenecen a la misma clase o género. Por ejemplo, los conjuntos {manzana, naranja, pera} y {durazno, uva, piña}, aunque no tienen los mismo elementos, pertenecen a la misma clase:"frutas".

Conmutativa ó Propiedad conmutativa: *Etim. Del latín "commutāre", cambiar una cosa por otra.* Propiedad que permite cambiar el orden de los elementos que intervienen en una operación sin afectar el resultado. En la suma, ésta propiedad permite sumar los números en cualquier orden y el resultado será el mismo. Por ejemplo, 3 + 2 = 2 + 3, en ambos casos el resultado es 5. En la multiplicación, ésta propiedad permite multiplicar los factores en cualquier orden y el resultado será el mismo. Por ejemplo, 3 x 4 = 4 x 3, en ambos casos el resultado es 12. En la resta y la división no se cumple la propiedad conmutativa, porque, por ejemplo, 15 - 8 no es igual 8 - 15, y así mismo: 15 / 5 es diferente de 5 /15.

Cono ó cono circular recto: *Etim. Del latín "conus", y este del griego "κῶνος".* Cuerpo geométrico generado por el giro de un triángulo rectángulo alrededor de uno de sus catetos. En él el eje del cono es el cateto fijo alrededor del cual gira el triángulo; la altura es la distancia del vértice a la base; la base es el círculo que forma el otro cateto y la generatriz es la hipotenusa del triángulo. Compárese con pirámide y cilindro.

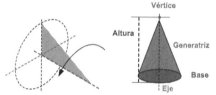

Consecuente: *Etim. Del latín "consequens", "tis" que sigue a otro.* Se considera consecuente al segundo término en una razón. En el caso de una razón geométrica, se considera consecuente al divisor, en el caso de una razón aritmética al minuendo. Por ejemplo, en la razón, 13 - 7, el consecuente es el número 7; y en la razón 14 / 2, el consecuente es el número 2. Compárese con antecedente.

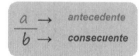

Consecutivo ó sucesor: *Etim. Del latín "consecūtus", de "consĕqui", ir detrás de uno.* Número natural que sigue a otro dentro de una serie numérica. Número que esta a continuación o adelante de otro. En el caso de las rectas numéricas de números naturales y enteros, el sucesor de un número dado se localiza inmediatamente a su derecha. Por ejemplo, el sucesor de 34 es 35; el sucesor de 17 es 18; en la serie 5, 6, 7, 8, 9, 10, el consecutivo de 7 es 8. Compárese con antecesor.

Constante: *Etim. Del latín "constans", "antis".* Valor fijo. Una constante matemática es un valor fijo, pudiendo estar éste representado por un número o una letra. Por ejemplo, el valor de π es constante (3.1416) en cualquier cálculo que se utilice. Compárese con variable.

Conteo: *Etim. Del latín "computāre", contar.* Proceso que permite cuantificar o conocer la cantidad de elementos que existen en un determinado grupo o conjunto. Por ejemplo, el número de salones de una escuela, el número de libretas en una mochila, etc. También se refiere a la capacidad de decir números en un orden ascendente o descendente ya sea en series sucesivas o saltadas. Por ejemplo, contar en forma sucesiva ascendente 4,5,6,7,8 o descendente 7,6,5,4,3 o ascendente saltada 2,4,6,8 (de 2 en 2) o descendente saltada 12,9,6,3 (de 3 en 3) , etc.

Contorno: *Etim. de "con" y "torno" y del latín "tornus", y este del griego "τόρνος", giro, vuelta.* Líneas que limitan a una figura. Límite de una figura creada por el trazo de una línea que se une en un mismo punto, es decir inicia, continúa y finaliza (se cierra) en un mismo punto. Compárese con perímetro.

Convertir unidades: *Etim. Del latín "convertĕre" y de "unĭtas", "ātis".* Proceso para transformar unidades en otras equivalentes, ya sea en múltiplo o submúltiplo de la misma unidad de medida o en una de otro sistema de medidas. Para convertir una unidad a otra basta con multiplicar por el respectivo factor de conversión. Por ejemplo, un metro convertirlo a centímetros 1m = 100 cm; un galón en litros, 1 galón = 3,785 litros, etc. Véase lámina didáctica conversiones y equivalencias.

Convexo: *Etim. Del latín "con-vexus"; "vexi", del verbo "veho", llevar a cuestas; es decir, encorvado, como el que lleva a cuestas.* Superficie o línea curva que tiene en el centro su parte más prominente o abultada. Es importante considerar el lado o perspectiva del objeto desde donde se le mira ya que puede ser cóncavo en un sentido y convexo en el otro. También puede referirse a un ángulo **convexo**, que es aquel mayor de 0° y menor de 180°. Compárese con cóncavo.

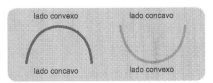

Coordenadas, coordenadas cartesianas o coordenadas rectangulares: *Etim. Del latín "cum-ordenada".* Conjunto de valores utilizados para determinar la posición de un punto en un gráfico, plano o mapa, o en el espacio. Se conocen también como *coordenadas cartesianas o coordenadas rectangulares.* En el plano cartesiano, caracterizado por dos rectas que se intersecan en un punto que se toma como origen, a cada punto de él, se le hace corresponder un par de **coordenadas**, denotadas: (X,Y). La coordenada X, llamada abscisa, es la distancia del punto al eje Y, y la coordenada Y, llamada ordenada, es la distancia del punto al eje X. Por ejemplo, para localizar el punto (4,2) la coordenada horizontal o abscisa es 4, y la vertical u ordenada es 2.

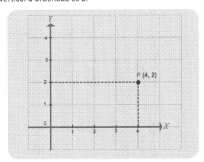

Coplanares: Que corresponden a un mismo plano. Se llama así a los puntos, figuras o rectas que están situados en un mismo plano. Véase puntos coplanares y rectas coplanares.

Correspondencia biunívoca: *Etim. de biunívoca. Del Latín "bis" que significa dos veces y "univǒcus".* Relación que se establece entre los elementos de dos conjuntos (con un mismo número de elementos), donde a cada elemento del primer conjunto le corresponde uno del segundo conjunto y viceversa. La **correspondencia biunívoca** no admite la relación de un elemento con dos o más elementos del otro conjunto o que un elemento no tenga relación con otro.

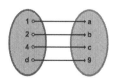

Fig: Correspondencia biunívoca en un diagrama sagital.

Coseno. *Etim. Del Latín "co-sinus".* En trigonometría el **coseno** de un ángulo en un triángulo rectángulo se define como la razón entre la longitud del cateto adyacente y la longitud de la hipotenusa.

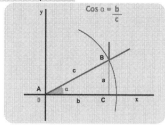

$$\cos \alpha = \frac{b}{c}$$

Ejemplos

1.- ¿Cuál es el coseno de 30° en el tringulo de la figura?

El triángulo clásico de 30° tiene hipotenusa de longitud 2, lado opuesto de longitud 1 y lado adyacente de longitud √3:

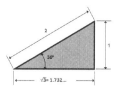

Coseno cos (30°) = **1.732** / 2 = **0.866**

2.- ¿Cuál es el coseno de 45° en el triángulo de la figura?

El triángulo clásico de 45° tiene dos lados de 1 e hipotenusa √2:

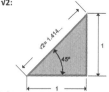

Cos (45°) = 1 / 1.414 = **0.707**

C

Criba de Eratostenes: *Etim. de Criba. Del latín "cribrum", superar.* Procedimiento que al igual que una criba, permite separar o determinar los números primos existentes en una determinada serie de números enteros positivos. La serie inicia en el número dos y termina con el número en el cual queremos conocer cuántos números primos existen. Por ejemplo, para conocer cuántos números primos hay hasta 40, empezamos la serie 2, 3, 4, 5, 6, 37, 38, 39 y 40. Después iniciamos el procedimiento, eliminamos los múltiplos de 2 de la serie (4,6,8,10, 34,36,38 y 40), posteriormente tomamos el primer número después del 2 que no fue eliminado que es 3 y eliminamos sus múltiplos (9,15,21,27,33 y 39) y de igual forma para el número 5, hasta que el cuadrado del siguiente número en la serie que no ha sido eliminado es mayor que el número límite en nuestra búsqueda, para nuestro caso es el 7 ya que 7x7= 49 que es mayor que 40 (nuestro límite). Solo falta contar los números en nuestra serie que no fueron eliminados y conocer la cantidad y cuáles números son, para nuestro ejemplo: 2,3,5,7,11,13,17,19,23,29,31 y 37.

Cronómetro: *Etim. De "crono", tiempo y "metro", medida, que deriva del griego" μέτρον", medida.* Variedad de reloj de alta precisión, utilizado principalmente en competencias deportivas. Instrumento utilizado para medir fracciones pequeñas de tiempo con gran precisión. El tiempo parte de cero y se detiene al pulsar un botón; el tiempo indicado se expresa en segundos y décimas, centésimas y milésimas de segundo.

Cuadrado: *Etim. Del latín "quadra", "quadratus", cuadrado.* Polígono de cuatro lados, con lados de igual longitud y con ángulos congruentes rectos (90°), de lados opuestos paralelos y con dos diagonales congruentes y perpendiculares (90°). **Cuadrado** también es la potencia de

exponente 2. Por ejemplo, $3^2=9$, y se dice: 3 elevado al **Cuadrado** es igual a 9. Compárese con rombo y rectángulo.

Cuadrado de doble entrada: *Etim. Del latín "quadra", "quadratus", cuadrado, de "duple", "duplus" y de "intrāre", entrar.* Tabla dispuesta en filas y columnas, que permite la inclusión de dos características que guardan relación en una determinada actividad. La celda superior izquierda está dividida en dos por una diagonal; a cada lado de ella se anotan las características que van a relacionar a los datos incluidos en la tabla.

ACTIVIDAD DIAS	LUNES	MIERCOLES	VIERNES
MATEMÁTICAS	3	4	10
ESPAÑOL	5	8	4
INGLES	10	7	10
BIOLOGIA	15	8	20

Cuadrado mágico: *Etim. Del latín "quadra", "quadratus", cuadrado y de "magĭcus".* Cuadrado dispuesto con la misma cantidad de columnas y filas que poseen números en cada una de sus celdas. La particularidad de este tipo de cuadrados es que la suma de sus números tanto en filas, columnas y diagonales principales da el mismo resultado. Existen arreglos en columnas y filas de 3x3, 4x4, 5x5 hasta mayores y se les denomina como **cuadrado mágico** de orden tres, cuatro y orden cinco respectivamente hasta orden "n".

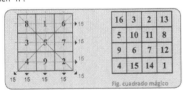

Fig. cuadrado mágico

Cuadrado o cuadro de multiplicaciones: *Etim. Del latín "quadra", "quadratus", cuadrado y de "multiplicatĭo", "ōnis".* Arreglo de filas y columnas que contiene los resultados (productos) de multiplicaciones; se puede decir que el cuadro contiene las tablas de multiplicar. El proceso se inicia al elegir un número de la fila superior y otro de la primera columna (izquierda a derecha). El resultado o producto de su multiplicación se encuentra en el cruce de ambas. La celda superior izquierda generalmente se encuentra vacía o contiene el símbolo de multiplicación (x); la numeración de la primera columna y de la fila superior inicia generalmente en el número 2, o solo una de ellas dependiendo del alcance que necesitemos desarrollar.

	2	3	4	5	6	7	8	9
11	22	33	44	55	66	77	88	99
12	24	36	48	60	72	84	96	108
13	26	39	52	65	78	91	104	117
14	28	42	56	70	84	98	112	126
15	30	45	60	75	90	105	120	135
16	32	48	64	80	96	112	128	144
17	34	51	68	85	102	119	136	153
18	36	54	72	90	108	126	144	162
19	38	57	76	95	114	166	152	171

x	1	2	3	4	5	6	7	8	9	10
1	1	2	3	4	5	6	7	8	9	10
2	2	4	6	8	10	12	14	16	18	20
3	3	6	9	12	15	18	21	24	27	30
4	4	8	12	16	20	24	28	32	36	40
5	5	10	15	20	25	30	35	40	45	50
6	6	12	18	24	30	36	42	48	54	60
7	7	14	21	28	35	42	49	56	63	70
8	8	16	24	32	40	48	56	64	72	80
9	9	18	27	36	45	54	63	72	81	90
10	10	20	30	40	50	60	70	80	90	100

Cuadrícula: *Etim. Del latín "cuadro".* Arreglo de líneas horizontales y verticales espaciadas uniformemente que forman cuadrados, utilizadas para dibujar gráficos o localizar puntos dentro de una gráfica. En ocasiones puede estar numerada a lo largo y ancho para facilitar la localización de puntos.

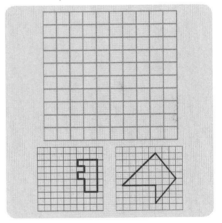

Cuadrícula Numérica: *Etim. Del latín "cuadro" y "numerĭcus".* Cuadrado dispuesto en un arreglo de 10 filas y 10 columnas que sirve como tablero; contiene 100 celdas numeradas. Se trata de un juego que enseña o desarrolla entre otras habilidades el conteo de 10 en 10, agrupamientos en decenas y unidades, restas, sumas, etc. Se juega con dos dados: uno rojo para las decenas (avanzar de 10 en 10) y uno azul para las unidades (avanzar de 1 en 1); después de tirar y avanzar hasta una casilla, se dice cuántas unidades faltan para llegar a la siguiente decena;

si acierta, avanza el número de casillas que dijo; de no ser así retrocede a la decena anterior. Gana el que logre llegar primero al 100.

1	2	3	4	5	6	7	8	9	10
11	12	13	14	15	16	17	18	19	20
21	22	23	24	25	26	27	28	29	30
31	32	33	34	35	36	37	38	39	40
41	42	43	44	45	46	47	48	49	50
51	52	53	54	55	56	57	58	59	60
61	62	63	64	65	66	67	68	69	70
71	72	73	74	75	76	77	78	79	80
81	82	83	84	85	86	87	88	89	90
91	92	93	94	95	96	97	98	99	100

Cuadrilátero: *Etim. Del latín "quadrilatěrus".* Polígono de cuatro lados. Se clasifican en paralelogramos, trapecios y trapezoides; los paralelogramos tienen dos pares de lados paralelos (cuadrado, rectángulo, rombo y romboide); los trapecios que tienen un par de lados paralelos (trapecio rectángulo, trapecio isósceles y trapecio escaleno) y los trapezoides cuadriláteros sin lados iguales ni paralelos.

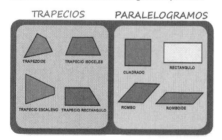

TRAPECIOS PARALELOGRAMOS

TRAPEZOIDE TRAPECIO ISOCELES

CUADRADO RECTANGULO

TRAPECIO ESCALENO TRAPECIO RECTANGULO

ROMBO ROMBOIDE

Cuadruplicar: *Etim. Del latín "quadruplicāre".* Proceso que incrementa cuatro veces un número o cantidad. Para **cuadruplicar** un número se multiplica por 4. Por ejemplo, al cuadruplicar el número 5 obtenemos el número 20, porque 5 x 4 = 20.

Cuádruplo o cuádruple: *Etim. Del latín "Quadrŭplus".* Número o cantidad que es cuatro veces mayor que otro. Para obtener el **cuádruplo** de un número lo multiplicamos por 4. Por ejemplo, el **cuádruplo** de 8 es 32 porque 8 x 4 = 32 (32 es 4 veces mayor que 8).

Cuarta: *Etim. Del latín "quartus".* Unidad de medida de longitud utilizada antiguamente, que representaba la medida con la mano extendida entre la punta del pulgar y el meñique. Su valor variaba de región a región, aunque se puede establecer como 21 cm. aproximadamente.

1 CUARTA

CUARTA

C

Cuarto (qt): *Etim. Del latín "quartus".* Indica la cuarta parte de un galón en el sistema inglés. Un galón consta de cuatro cuartos. Un cuarto equivale a 946 ml.

Cuarto de hora: *Etim. Del latín "quartus" y "hora".* Representa la cuarta parte de una hora. Período de tiempo equivalente a 15 minutos o 900 segundos.

Cubo: Poliedro de seis caras cuadradas congruentes. Tiene además ocho vértices y doce aristas. Se clasifica como un paralelepípedo ya que todas sus caras constan de cuatro lados. **Cubo** también es la potencia de exponente 3. Por ejemplo, $2^3 = 8$ y se dice: dos elevado al **Cubo** es igual a 8.

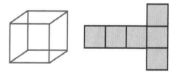

Cuenta progresiva: *Etim. Del latín "computāre", contar y de "progressus", ir hacia adelante.* Proceso de contar en orden de menor a mayor, números, ya sea en series de uno en uno, dos en dos, etc. Por ejemplo, 4, 5, 6, 7 ó 15, 20, 25, 30.

Cuenta regresiva: *Etim. de Regresiva. Del latín "regressus", regresar, devolverse.* Proceso de contar en orden de mayor a menor, números, ya sea en series de uno en uno, dos en dos, etc. Por ejemplo, 13,12,11,10 ó 24,20,16,12.

Cuerda: *Etim. Del griego "jorde", en latín "corda", cuerda: "jorde" se aplicaba principalmente a las cuerdas de los instrumentos de música.* Línea recta que une dos puntos dentro de una circunferencia. La **cuerda** corresponde a la parte de la secante que se encuentra dentro de la circunferencia. El diámetro es la **cuerda** de mayor longitud que se puede trazar en una circunferencia.

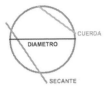

Decágono: *Etim. Del griego "deka"-gonos", diez ángulos.* Un decágono es un polígono de diez lados y diez vértices. Puede ser regular o irregular.

Figura decágono regular   Figura decágono irregular

d Cuerpo geométrico: *Etim. Del latín "corpus", cuerpo; éste del griego "joris" ó de "jros" (indeterminado) y del griego "geo", tierra, y "metron", medida; medida de la tierra.* Cuerpo sólido o de tres dimensiones (largo, ancho y alto), es decir, que ocupa un lugar en el espacio, pudiendo ser clasificados en poliedros regulares, irregulares, y cuerpos curvos. Por ejemplo, el cubo, la pirámide, el cono, la esfera, el cilindro son **cuerpos geométricos**. Compárese con figura plana.

Decagramo: Unidad de masa equivalente a 10 gramos. Es el primer múltiplo del gramo. Se representa con el símbolo: dag.

10 gm. = 10 dag

Un decagramo corresponde a 10 gramos.

Decalitro: Unidad de capacidad equivalente a 10 litros. Es el primer múltiplo del litro. Se representa con el símbolo: dal.

10 Litros = 10 dal

Un decalitro corresponde a 10 litros.

Curva: *Etim. Del griego "kurtos", encorvado, curvo, derivado de "kuro", yo encorvo o doblo.* Línea que cambia continuamente de dirección. Existen curvas abiertas, donde las puntas, es decir el inicio y final de la curva, no se unen, y curvas cerradas donde el inicio y final de la curva corresponden al mismo punto. Por ejemplo, las circunferencias y elipses son ejemplo de **curvas** cerradas y la parábola y el espiral de una **curva** abierta.

Decámetro: *Etim. Del Latín "Deca", diez, "metron", medida.* Unidad de longitud equivalente a 10 metros. Es primer múltiplo del metro. Se representa con el símbolo: Dm.

10 metros = 1 Dm

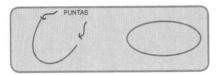

Fig: Ejemplos de dos típos de curvas.

Decámetro cuadrado: *Etim. de Cuadrado. Del latín "quadra", "quadratus", cuadrado.* Unidad de área equivalente a un cuadrado de 10 metros de lado. Es el primer múltiplo del metro cuadrado. Equivale a 100 metros cuadrados. Se representa con el símbolo: Dm^2

d

Década: *Etim. Del griego "deka", que significa "diez".* Corresponde a las unidades de medida de tiempo. Equivale a 10 años. Véase decenio.

10 m

10 m

28 Década

Decámetro cúbico: *Etim. de Cúbico. Del latín "cubĭcus", y este del griego" κυβικός".* Unidad de volumen equivalente a un cubo de 10 metros de lado. Es el primer múltiplo del metro cúbico. Equivale también a 1000 metros cúbicos. Se representa con el símbolo: Dm³

Decena: *Etim. Del latín" decēna", "decēni", de diez en diez.* Agrupación de diez unidades. En el Sistema de numeración decimal, las decenas ocupan la segunda posición a la izquierda de la coma decimal.

Ejemplo: En el número: 25 698,07 el 9 corresponde a las decenas, lo que indica que en esa cantidad hay 9 grupos de 10 unidades cada uno.

Decena de millar: Agrupación de diez mil unidades. Ocupa la quinta posición, a la izquierda de la coma decimal, en la tabla del Sistema de numeración decimal. Se representa con el símbolo: DM. Ejemplo: En el número: 25 678 890,05 el 7 corresponde a las decenas de millar, lo que indica que en esa cantidad hay 7 grupos de 10 000 unidades cada uno.

Decena de millón: Agrupación de diez millones de unidades. Ocupa la octava posición, a la izquierda de la coma decimal, en la tabla del Sistema de numeración decimal. Se representa con el símbolo: DMi
Ejemplo: En el número: 125 678 890,31 el 2 corresponde a las decenas de millón, lo que indica que en esa cantidad hay 2 grupos de **10 000 000** de unidades cada uno.

Decenio: Período de tiempo que comprende 10 años. Esta medida de tiempo es también conocida como década. Véase década.

d

Decigramo: *Etim. de Gramo. Del griego "γράμμα", escrúpulo.* Unidad de masa equivalente a la décima parte de un gramo. Se representa con el símbolo: dg.

Un gramo equivale a 10 decigramos.

Decilitro: *Etim. de Litro. Del francés "litre".* Unidad de capacidad equivalente a la décima parte de un litro. Se representa con el símbolo: dl.

Un litro equivale a 10 decilitros.

Décima: *Etim. Del latín "decimus".* Cada una de las diez partes iguales en que se divide una unidad. Una parte de diez. Corresponde al primer dígito que se encuentra a la derecha de la coma decimal.

$$\frac{3}{10} = 0,3$$

Decimal: Sistema de numeración cuya base es diez; también cualquier número racional se considera decimal. Cuando el numerador de una fracción se divide entre el denominador se obtiene un número que normalmente consta de una parte entera y otra decimal separadas por una coma. Por ejemplo:

$$\frac{265}{100} = 2.65$$

Donde 2 es la parte entera y el 65 una parte decimal.

Decimal finito: *Etim. de Finito. Del latín "finītus", acabado, finalizado.* Número con una cantidad limitada o finita de decimales.

Ejemplos: 8,24   16,90   234,87

Estas son cantidades con cifras decimales finitas.

Decimal infinito: *Etim. de Infinito. Del latín compuesta de "in", partícula negativa y "finito", que tiene fin.* Parte decimal de un número que se repite indefinidamente. Los **decimales infinitos** pueden ser periódicos o no periódicos.

$2,1515151515... = 2.\overline{15}$ Decimal infinito periódico.

$3,141592654....$ Decimal infinito no periódico.

Decimal no periódico: *Etim. de No periódico. De la partícula negativa "in", no, y de "período", del griego "peri", alrededor y "odos", camino.* Parte decimal de un número que es infinita y no posee un número o un grupo de números que se repitan indefinidamente. Véase decimal periódico.

Ejemplos: El número π (pi) que es: 3,141592654....

Decimal periódico: *Etim. De Decimal, del latín "decimal", derivado de "decem"; y Periódico de período, del griego "peri", alrededor y "odos", camino.* Parte decimal de un número que es infinita y que posee uno o un grupo de números que se repiten una y otra vez indefinidamente. El grupo de números decimales que se repiten se conocen con el nombre de período. Se representa con una raya encima del número. Véase decimal no periódico.

$2,1515151515.... = 2.\overline{15}$

Decímetro: Unidad de longitud equivalente a la decima parte de un metro. Es el primer submúltiplo del metro. Se representa con el símbolo: dm

10 centímetros = 1 Dm

Decímetro cuadrado: *Etim. de Cuadrado. Del latín "quadra", "quadratus", cuadrado.* Unidad de superficie equivalente a un cuadrado de un decímetro de lado; es el primer submúltiplo del metro cuadrado. Se denota con el símbolo: dm². Un metro cuadrado tiene 100 dm².

10 cm

10 cm

Decímetro cúbico: *Etim. Del latín "deci", diez y de "cubícus", y este del griego* κυβικός *cubo.* Unidad de volumen equivalente a un cubo de 10 cm o un decímetro de lado. Es el primer submúltiplo del metro cúbico. Un metro cúbico tiene 1000 **decímetros cúbicos**. Se representa con

el símbolo: dm³. Ejemplo: Un litro de cualquier sustancia ocupa un volumen de un decímetro cúbico.

10 cm   1 Litro

Deducción: *Etim. Del latín "deductĭo", "ōnis".* Acción y efecto de deducir. Compárese con estimación, con prueba y con cálculo. Véase deducir.

Deducir: *Etim. Del latín "deducĕre", sacar consecuencias ó conclusiones.* Sacar consecuencias o conclusiones a partir de principios, proposiciones, hipótesis o teoremas. Por ejemplo, si la suma de los ángulos interiores de todo triángulo es 180° y dos de ellos suman 140°, entonces el tercer ángulo medirá 40°, porque 140° + 40° = 180°.

Denominador: *Etim. De latín "denominare", denominar, dar o poner nombre.* Número en una fracción que se escribe debajo del numerador y es separado de este por una raya horizontal. Indica las partes en que se divide la unidad.

$$\frac{2 \quad \text{Numerador}}{8 \quad \text{Denominador}}$$

Densidad: *Etim. Del latín "densĭtas, -ātis", cualidad de denso.* Es una propiedad de los números reales y asegura que entre dos números reales existe un tercer número real. Ejemplo: Entre el número 1.25 y 1.26 existe el 1.255, que se obtiene calculando un promedio entre ambos números.

$$\frac{(1.25+1.26)}{2}$$

Desagrupar: *Etim. De las preposiciones latinas "de" y "ex", negación, y del italiano "gruppo", grupo, romper el grupo.* Dividir parte de los elementos de un orden o suborden en elementos de un orden o suborden inferior. Ejemplo:

8 decenas se puede desagrupar en 7 Decenas y 10 unidades

Descendente: *Etim. Del latín "descendĕre", poner bajo.* Acción de ordenar de mayor a menor o de bajar a un grado menor algo que estaba en un grado mayor. Ejemplo: Los números 30, 25, 20, 15, 10, 5, 0, están ordenados en forma descendente, de mayor a menor.

Descomposición aditiva: *Etim. De Descomposición. Del latín "de - compositio", es decir, lo contrario de composición; Aditiva, derivada de "adición"; adición, del latín "addo", añadir, agregar.* Es la descomposición de un número en una suma equivalente. Ejemplo: Una descomposición 16 es 8 + 8 ya que 16 = 8 + 8.

Descomposición multiplicativa: *Etim. de Multiplicativa. Del latín "multiplicāre", aumentar.* Es la descomposición de un número en una multiplicación o producto equivalente. Ejemplo: Una descomposición multiplicativa de 16 es 8 x 2 ya que 16 = 8 x 2.

Descomposición sustractiva: Es la descomposición de un número en una sustracción equivalente. Ejemplo: Una descomposición sustractiva de 16 es 25 - 9 ya que 16 = 25 - 9.

Descuento: Rebaja de una parte de una deuda o precio. Puede ser un monto o un porcentaje. Por ejemplo, en una compra de $ 200 se puede hacer un descuento del **20 %** o una rebaja de $ 40.

Día: *Etim. Del latín "dies".* Medida natural de tiempo correspondiente a la duración de un giro de la tierra sobre su propio eje. Equivale a 24 horas.

Diagonal: *Etim. Del griego "dia", por medio, a través, y "gonia", ángulo.* Línea recta que en un polígono va de un vértice a otro no consecutivo.

En el gráfico un héxágono con 9 diagonales.

Diagonal mayor: *Etim. Diagonal del griego "dia", por medio, a través, y "gonia", ángulo; Mayor del latín "major", en griego "meixon".* Es la diagonal de mayor medida que encontramos en un polígono.

En el gráfico la línea "D" corresponde a la diagonal mayor.

Diagonal menor: *Etim. de Diagonal menor. Diagonal del griego "dia", por medio, a través, y"gonia, ángulo; Menor del latín "minor", menor, "minuo", disminuir; en griego "mion", menos, "minuo",pequeño.* Es la diagonal de menor medida que encontramos en un polígono.

En el gráfico la línea "d" corresponde a la diagonal menor

Diámetro: *Etim. Del griego "dia", por medio, a través, y "metron", medida; es decir, medida a través, que atraviesa.* Línea recta que une dos puntos de una circunferencia exactamente en su mitad. La medida del **diámetro** es el doble que el radio. Compárese con cuerda.

Diezmilésima: Es una parte de una unidad que hemos dividido en diez mil partes iguales, cada parte de esa unidad se llama **diezmilésima**. Se representa 0,0001. Corresponden al dígito que se encuentra ubicado en la cuarta posición a la derecha de la coma decimal. En el número 25,89073 el 7 corresponde a las diezmilésimas por estar en la posición 4 después de la coma decimal.

Diferencia: *Etim. Del griego "diforesis", diferencia.* Uno de los tres términos de la resta. Corresponde al resultado de restar dos números. Véase Sustracción o Resta.

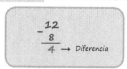

Dígito: *Etim. Del griego "daktilos", dedo; en latín "digitus".* Número que en el sistema de numeración decimal se expresa con una sola cifra. Son diez símbolos: 0,1,2,3,4,5,6,7,8,9 y combinados entre sí representan cantidades. Así la cantidad **157**, se compone de los dígitos **1, 5 y 7.**

Dimensión: *Etim. Del latín "dimetiri", medir, y esta del griego "diametreo", medir.* Longitud, área o volumen de una línea, una superficie o un cuerpo, respectivamente. En física, **dimensión** es cada una de las magnitudes de un conjunto que sirven para describir y definir un fenómeno. Por ejemplo, el espacio de cuatro dimensiones de la teoría de la relatividad.

Dimensión cúbica: *Etim. de Cúbica. Del griego "kubos", dado de juego.* Volumen de un cuerpo. Dimensión que además del largo posee ancho y profundidad también. Se utiliza para medir espacios.

Dimensión cuadrática: *Etim. de Cuadrática. Del latín "quadrãtus", cuadrado.* Corresponde al área. No tiene profundidad, solamente ancho y largo. Se utiliza para medir superficies.

Distributiva ó Distribución: *Etim. Del latín "distribuĕre", dividir entre varios.* Reparto de algo entre varios según un criterio. Véase propiedad distributiva.

Distribución de Frecuencias: En estadística, es el proceso de resumen y ordenamiento por agrupación en clases o categorías. Las distribuciones de frecuencia presentan las observaciones clasificadas de modo que se pueda ver el número existente en cada intervalo de clase. Ejemplo:

ESTATURAS EN PULGADAS	No. DE ESTUDIANTES
49.5 ----52.5	20
52.5 ----55.5	30
55.5 ----58.5	58
58.5 ----61.5	60
61.5 ----64.5	32

d

Dimensión lineal: *Etim. de Lineal. Del latín "línea", hebra, hilo, línea; en griego "linon lineos", lino, hilo.* Es la longitud o medida que tiene una línea. Corresponde a una medida que posee largo o longitud.

FIG: Tabla correspondiente a las estaturas de 200 estudiantes del colegio XYZ. Véase rango, clases y valor del intervalo.

Dividendo: *Etim. Derivada de Dividir.* Corresponde al término de la división que es dividido por el divisor.

Directamente proporcionales: *Etim. Del latín "directus", "dirigĕre", dirigir, y de "proportionãlis", proporción.* Dadas dos magnitudes diferentes, se dice que son **directamente proporcionales** si están ligadas por un cociente constante; este cociente recibe el nombre de constante de proporcionalidad. Ejemplo:

= 9 Pesos   = 18 Pesos

Las peras y su precio son **directamente proporcionales**, porque si dividimos el precio entre el número de peras, en cada caso se obtiene tres. Compárese con proporcionalidad directa.

$10 \div 2 = 5$

Donde 10 es el dividendo, 2 el divisor y 5 es el cociente.

Dividir: *Etim. Del griego "dijazo", yo divido o separo en partes.* Partir o separar en partes una cosa o una cantidad. Véase División.

Divisibilidad: *Etim. Derivada de Dividir.* Característica de un número que le permite ser divisible por otro.

Distancia: *Etim. Del latín "distancia", y esta del griego compuesta de "dys" y "stasis", como quien dice, estancia separada. Intervalo de estancias ó lugares.* Longitud entre dos puntos medida en línea recta. La distancia de un punto a una recta o entre dos rectas paralelas siempre se mide perpendicularmente a ella(s). La distancia siempre será la longitud más corta entre dos puntos, entre dos rectas paralelas o entre un punto y una recta. Véase y compárese con largo y longitud.

Divisibilidad por dos: Cualidad de un número de ser divisible por dos. Los números son divisibles por dos si su último número o terminación es 0 (cero) o un dígito par. Siempre que un número sea divisible entre dos, podemos afirmar que tiene mitad. Ejemplos:

108 Es divisible por dos porque su último dígito es un número par.

30 Es divisible por dos porque su último dígito es cero.

Divisibilidad por tres: Cualidad de un número de ser divisible por tres. Los números son divisibles por 3 si la suma de sus dígitos es exactamente un múltiplo de 3. Véase múltiplo. Ejemplos:

75 **es múltiplo de** 3 **pues el dígito** 7 **sumado al dígito**

5 **es igual a** 12 **y doce es múltiplo de** 3.

225 es múltiplo de 3 pues el resultado de la suma de sus dígitos (2+2+5) es 9 y nueve es múltiplo de 3.

Divisibilidad por cinco: Cualidad de un número de ser divisible por cinco. Los números son divisibles por cinco si su último dígito es 0 (cero) o cinco. Ejemplos:

455 **es divisible por** 5 **porque su último dígito es** 5.

300 **es divisible por** 5 **porque su último dígito es** 0.

Divisibilidad por diez: Cualidad de un número de ser divisible por diez. Los números son divisibles por diez si terminan en cero. Ejemplos:

1000 **es divisible por** 10 **porque su último dígito es** 0.

234 no es **divisible por** 10 **porque su último dígito** no es 0.

Divisible: *Del latín "divisibĭlis", que puede dividirse.* Atributo de una cantidad que dividida por otra da por cociente una cantidad entera. Ejemplos:

48 ÷ 4 = 12   **48** es **divisible entre** 4 **pues su residuo es** 0

22 ÷ 4 = 5   **22** no es **divisible entre** 4 **pues el residuo es** 2, **que es diferente a** 0.

Grafico para division exacta

Ejemplo de grafico de division inexacta

División: *Etim. Derivada de Dividir.* Es una operación aritmética de descomposición que consiste en averiguar cuántas veces un número (el divisor) está contenido en otro número (el dividendo). La **división** es una operación

inversa de la multiplicación y puede considerarse también como una resta repetida. El resultado de dividir un número por otro recibe el nombre de cociente. Cuando el dividendo contiene al divisor un número entero de veces se dice que la división es exacta, y en caso contrario inexacta. Cuando la división es inexacta obtenemos un residuo. En general se tiene:

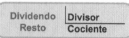

Dividendo	Divisor
Resto	Cociente

Algunos docentes de México utilizan un procedimiento diferente que se grafica de esta manera:

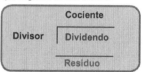

	Cociente
Divisor	Dividendo
	Residuo

Y se cumple que: Divisor x **Cociente +** Residuo = Dividendo

División abreviada: *Etim. Del latín "abbreviāre", reducir.* Es la división en que el divisor es 10, 100, 1000, 10000 Para dividir en forma abreviada se corre la coma decimal en el dividendo a la izquierda tantos espacios como ceros tenga el divisor. Ejemplos:

80 ÷ 10 = 8 **Es una división abreviada pues el divisor es** 10
85 ÷ 10 = 8,5 **Se corre la coma decimal un lugar a la izquierda ya que el número** 10 **contiene un solo cero.**

División con decimales: Las divisiones en las que participan números decimales pueden ser de varios tipos. Cada uno de estos casos se resuelve de forma diferente. Por ejemplo:

Primer caso:
Dividendo mayor que el divisor
85 | 25
- 75 | 3.4
100
-100
0

Segundo caso:
Dividendo menor que el divisor
18 | 20
180 | 20
- 180 | 0,9
0

Tercer caso:
Division de un decimal por un natural. 6,4 | 4
- 4 | 1,6
2 4
- 2 4
0

Cuarto caso:
Division de un natural por un decimal. 5 0 | 0,2
500 | 2
0 | 250

Quinto caso:
Division de dos números decimales.
0,25 | 0,2
2,5 | 1,25

Divisor de un número natural: Se llaman divisores de un número natural, a todo el conjunto de números que lo divide exactamente. Por ejemplo, el 1, el 2, el 3, el 4, el 6 son divisores del 12, porque lo dividen exactamente.

En la primera columna aparecerán los números a los que les vamos a buscar sus divisores exactos.	En la segunda columna aparecerán todos los divisores exactos de cada número de la primera columna.	En la tercera columna podrás comprobar por qué los números que aparecen en la segunda columna se dicen que son los divisores exactos de los números de la primera columna.
NÚMERO	**DIVISORES**	**PORQUE**
1	1	1 entre 1 = 1
2	1,2	2 entre 1 = 2 2 entre 2 = 1
3	1,3	3 entre 1 = 3 3 entre 3 = 1

División exacta: *Etim. de Exacta. Del latín "exactus", puntual, fiel.* Es una división en la que el residuo es cero. Ejemplo:

$$8 \div 2 = 4$$
$$0$$

Donde 0 es el residuo, por lo tanto es una división exacta.

División inexacta: *Etim. de Inexacta. Del latín "exactus", y la partícula "in", negación, o sea, no exacta, no fiel.* Es una división en la que el residuo es diferente a cero. Véase Residuo. Ejemplo:

$$8 \div 3 = 2$$
$$2$$

Donde 2 es el residuo de la división, por lo tanto es inexacta.

División sucesiva: *Etim. de Sucesiva. Del latín "successivu", que sucede ó sigue a otro.* División en que repite el proceso tomando como cociente el cociente obtenido en la división anterior y dividiendo siempre por el mismo divisor.
Ejemplo: 72: 2 = 36;   36 ÷ 2 = 18;   18 ÷ 2 = 9

Divisor: *Etim. Derivada de Dividir.* Es la cantidad por la cual ha de dividirse otra; Ejemplo: Si hacemos la división 20 ÷ 2 =10, el divisor es el número 2. Cuando la división es exacta el divisor se le denomina submúltiplo.

Divisor común: *Etim. de Común. Del latín "communis", que se extiende a varios.* Se le conoce también como factor común. Es aquel número por el cual dos o más cantidades son exactamente divisibles; por ejemplo: 4 es un divisor común de 12, 16 y 24.

Doble: *Etim. Del griego "duo", dos.* Que está formado por dos números iguales o de la misma especie. Ejemplo: El doble de 4 es 8, si sumamos 4 + 4 el resultado es 8. Por eso decimos que el doble de 4 es 8. Véase duplo.

Dodecaedro: *Etim. Del griego "dedeka", doce, y "edra", cara.* Es un poliedro compuesto por doce caras, cóncavo o convexo. Si el dodecaedro es regular sus doce caras son pentágonos regulares.

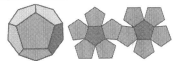

FIG. Dodecaedro.

Dodecágono: *Etim. Del griego "dedeka", doce, y "gonia", ángulo, rincón.* Es un polígono de 12 lados y 12 ángulos; si estos son iguales el dodecágono es regular.

Duplicar: *Etim. Derivada de "duplo".* Multiplicar por dos una cantidad. También se puede duplicar una cantidad sumando dos veces un mismo número.

Duplicar multiplicando:
$$15 \times 2 = 30$$

Duplicar sumando:
$$15 + 15 = 30$$

Duplo: *Etim. Del griego "diplax", doble.* Número que contiene dos veces una cantidad. Ejemplo: El **duplo** de 4 es 8, porque 4 cabe dos veces en 8. Véase doble.

e

Ecuación: *Etim. Del latín "aequati", derivada de "aequare", que significa igualar.* Es una igualdad de dos expresiones matemáticas en la que intervienen cantidades conocidas y al menos una desconocida. Las variables desconocidas se llaman incógnitas. Para representar las incógnitas generalmente se utilizan las letras x, y o la z, aunque también se puede representar con cualquier otra letra o símbolo. La expresión a lado izquierdo del signo = recibe el nombre de primer miembro, y la del lado derecho el nombre de segundo miembro. Ejemplo: $8x + 8 = 48$

Es una **ecuación** con una incógnita (x), el primer miembro es la expresión: $8x + 8$, el segundo miembro es 48.

La **ecuación** constituye una de las estructuras más importantes de la matemática, ya que para poder resolver diversos problemas geométricos, estadísticos, comerciales, físicos, etc., se hace necesario, en la mayor parte de ellos, plantear una **ecuación**.

El conjunto solución de una **ecuación** son los valores numéricos que satisfacen la igualdad, es decir que al sustituir la ó las incógnitas por dichos números, el valor del miembro de la izquierda es igual al valor numérico del miembro de la derecha. Una **ecuación** puede no tener solución.

Así en nuestro ejemplo la solución es el 5, porque $8(5) + 8 = 48$

Las ecuaciones existen de diversos tipos: racionales, radicales, exponenciales, logarítmicas, trigonométricas, polinomiales. Las ecuaciones polinómicas se clasifican de acuerdo al grado o máximo exponente de una de las incógnitas. (Cuadráticas, cúbicas, lineales).

Eje: *Etim. Del griego aexon, en latín axis.* Línea recta orientada y empleada para medir distancias y en la cual se pueden representar números. (Eje numérico).

En geometría: Recta que pasa por el centro de una figura o un cuerpo. En ocasiones, recta que divide simétricamente.

Eje de las abscisas: Véase Eje.

Eje de coordenadas cartesianas: *Etim. de Coordenadas. Del latín "co", por "cum", con, y "ordināre", ordenar y "Cartesius", Cartesio, nombre latinizado de René Descartes, matemático y filósofo francés.* Rectas par o

ternas orientadas perpendiculares entre sí, que sirven para determinar la posición de un punto en el plano, o en el espacio con relación al punto de intersección llamado origen. En el plano las coordenadas en el eje de las **X** se llaman abscisas y las del eje **Y** ordenadas.

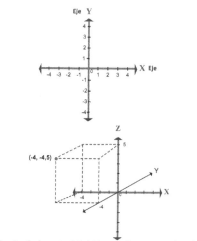

Fig. Aquí el punto (-4,-4,5) se indica en coordenadas cartesianas tridimensionales.

Eje de coordenadas rectangulares: *Etim. de Rectangular. Del latín "rectangŭlus", que tiene ángulos rectos.* Véase eje de coordenadas cartesianas.

Eje de rotación: *Etim. de Rotación. Del latín "rotāre", dar vueltas alrededor de un eje.* Línea recta imaginaria en la cual una figura geométrica, plana u objeto, puede rotar.

Eje de reflexión: *Etim. de Reflexión: Del latín "reflexĭo", "ōnis".* Línea recta que se toma como referencia para reflejar una figura a manera de espejo; para esto, cada punto de la figura se proyecta perpendicularmente sobre la línea y se representan equidistantemente al lado opuesto de dicho eje. Véase reflexión y eje de simetría.

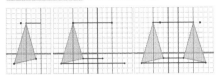

Fig. Con eje de reflexión.

Eje de simetría: *Etim. de Simetría. Del latín "symmetría", y este del griego "συμμετρία", correspondencia exacta.* Línea recta imaginaria que divide simétricamente a una figura en dos o más partes congruentes, iguales e idénticas como los reflejos de un espejo. Una figura geométrica puede tener más de un eje de simetría. Cuando este pasa por la figura y quedan dos figuras proporcionales, se puede decir que tiene simetría. Para ampliar concepto véase Simetría.

Eje X: Conocido como *eje de las abscisas.* Línea horizontal en el plano cartesiano. En el eje X (ó línea horizontal) se representan números que parten del punto de origen; si se orientan a la izquierda representan números negativos; si se orientan a la derecha representan números positivos.

Eje Y: Conocido como *eje de las ordenadas.* Línea vertical en el plano cartesiano, la cual se utiliza para medir el desplazamiento arriba y abajo desde el punto de origen. Los números que se encuentran por arriba del origen de las ordenas representan números positivos, mientras que los números por debajo en la misma, representan números negativos.

Eje de las ordenadas. Véase Eje Y.

Elemento: *Etim. Del latín "elementum", que significa elemento.* Es cada uno de los objetos que pertenecen a un conjunto. Por ejemplo, en la siguiente imagen los números 2, 4, 6 son **elementos** pertenecientes al conjunto "**B**"; de igual forma 1, 3, 5 pertenecen al conjunto "**A**".

Elemento geométrico: *Etim. de Geométrico. De Geometría. Del latín "geometría", y este del griego "γεωμετρία", "geo", tierra, "metro", medida.* Son los elementos pertenecientes a una figura geométrica, en este caso lo que pertenece a ella; se definen como elementos las rectas que lo conforman, los ángulos, los vértices, el área, los ejes de simetría, etc. Por ejemplo: determinemos los elementos de un cuadrado: figura de cuatro lados, conformado por ángulos rectos, tiene más de dos ejes de simetría.

l = lado

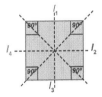

Encuesta: *Etim. Del francés "enquête", averiguación o pesquisa.* Serie de preguntas que se formulan a un número determinado de personas para recoger los estándares de opinión y ordenarlos, reunirlos y analizarlos mediante procedimientos estadísticos. Ejemplo: **encuestas** son las que se realizan en los censos de población, la auscultación de opinión en cuanto a candidatos a corporaciones públicas, etc.

Endecágono: *Etim. Del latín "hendeca", influenciado por el italiano "endeca" y "gono", y éste del griego Ένδεκα",* once. Polígono de once lados, con once vértices y once ángulos iguales.

Entre: *Etim. Del latín "inter", entre dos o más cosas.* Signo que nos indica división.

Equiángulo: *Del latín "aequus", que significa igual, "ángulus" que significa ángulo.* Se refiere a las figuras o cuerpos cuyos ángulos son iguales.

Fig. Triángulo equiángulo. El rectángulo es una figura equiángulo.

Equidistante: *Del latín "aequus" que significa igual y "distantia" que significa distancia.* Hallarse uno o más puntos o cosas a una misma distancia de otro.

Equiprobabilidad: Véase evento probable.

Equilátero: *Del latín "aequus" que significa igual y "latus" "lateris" que significa lado.* Este término se aplica a las figuras o cuerpos cuyos lados son iguales. Todo polígono regular es equilátero, porque cuenta con todos sus lados iguales.

TETRAEDRO   CUBO   DODECAEDRO   OCTAEDRO   ICOSAEDRO

Fig. Polígonos regulares

Equitativo: *Etim. Del latín "aequitas", "ātis", igualdad.* Referente al reparto en el que a las partes les corresponde la misma cantidad. Por ejemplo, si repartimos una herencia de un lote de 15 hectáreas entre 3 hermanos a cada uno le corresponden 5 hectáreas.

Equivalente: *Etim. Del latín "aequus" que significa igual y "valeo" que significa valor.* Igualdad de dos o más expresiones matemáticas en relación al valor o estimación que representa.

Escala: *Etim. Del latín "scala" que significa escalera o gradación.* Proporción. **En Geometría:** Igualdad entre el cociente de dos números respecto al cociente de otros dos. Armonía de las partes entre sí o con relación al todo. Regla dividida en partes iguales que representan unidades de medida. Razón de semejanza entre figuras de la misma forma. Por ejemplo: En la razón 1cm: 50 km, como nota al pie de un mapa, significa que por cada centímetro del mapa equivale a 50 km en la realidad física.

Escaleno: *Etim. Del griego "scalenon" que significa cojear.* Referente a figuras de lados de distinta longitud.

Escuadra: *Etim. Del latín "exquadrāre", que forman ángulos rectos.* Herramienta geométrica de construcción, por lo general de forma triangular con un solo ángulo recto. Asistente en el dibujo de líneas o ángulos rectos.

e

Esfera: *Etim. Del griego "sphira" que significa globo, cuerpo redondo.* Cuerpo geométrico cuya superficie es el conjunto de puntos equidistantes de un punto llamado centro. La **esfera**, como sólido de revolución, se genera haciendo girar una superficie semicircular alrededor de su diámetro. La distancia entre el centro y cualquier punto de la superficie se llama radio y diámetro al segmento que va desde un punto a otro de la superficie pasando por el centro.

Área de la **esfera:** el área de la superficie de la **esfera** es:

$$A = 4\pi r^2$$

Es decir, el área es igual a 4 multiplicado por π (pi), y el resultado se multiplica por el cuadrado del radio de la **esfera**.

Volumen de la **esfera:** el volumen viene dado por:

$$V = \frac{4 \cdot \pi \cdot r^3}{3}$$

Es decir, el volumen es igual a 4 multiplicado por π (pi), el resultado se multiplica por el cubo del radio de la **esfera** y lo que resulta se divide entre 3.

Espacio: *Etim. Del latín "spatium" que significa espacio.* Es el conjunto infinito de puntos existentes en el Universo. **En Geometría:** lugar ocupado por un cuerpo u objeto.

Estadística: *Etim. Del alemán "Statistik", estudio de datos.* Es básicamente matemática aplicada; la **estadística** estudia los métodos científicos para recoger, organizar, resumir y analizar datos, así como los métodos para sacar conclusiones válidas y tomar decisiones razonables basadas en tal análisis.

Estimación: *Etim. Del latín "aestimatio", "ōnis", aprecio y valor de algo.* Aproximación del valor de una medida o resultado de operaciones no exactas. Al hacerlo, se pueden estimar cantidades hipotéticamente.

Estimar: *Etim. Del latín "aestimāre".* Calcular y determinar el valor aproximado de medidas o de resultados de diferentes situaciones matemáticas.

Estrategia: *Etim. Del latín "strategĭa", y este del griego "στρατηγία".* Técnicas o conjunto de actividades y procedimientos a seguir, destinadas a resolver situaciones problémicas, entre ellas, las soluciones a problemas matemáticos. De las diferentes **estrategias** se pueden establecer aquellas en las que sea más sencillo resolver el problema planteado.

Evaluar: *Etim. Del francés "évaluer", señalar el valor de algo.* Analizar, valorar o medir la importancia o trascendencia de lo que se ha logrado en un proyecto, tomando en cuenta los objetivos planteados, observando los logros o desventajas obtenidas.

Evento: *Etim. Del latín "eventos", que acaece.* Cosa que sucede o suceso. Se puede interpretar como una eventualidad o hecho imprevisto que puede acaecer. Por ejemplo: en el juego de los dados, cada uno de los números en las caras de un dado es un **evento**. El conjunto de ellos, en este caso 1, 2, 3, 4, 5, y 6 constituyen el espacio muestral.

Evento compuesto: *Etim. de Compuesto. Del latín "compositus", de "componĕre", componer.* Acontecimiento o suceso que incluye dos o más eventos. Por ejemplo, obtener un dos en el primer lanzamiento de un dado y cinco en el segundo lanzamiento. Es de notar que la probabilidad de un **evento compuesto** es el producto de las probabilidades de cada uno de los eventos simples que lo constituyen.

Evento desfavorable: *Etim. de Desfavorable. De las preposiciones latinas "de" y "ex", negación y del latín "favorabĭlis", favorable, es decir, no favorable.* Evento que al realizarse, su resultado no es el esperado. Por ejemplo, cuando se espera el resultado de un tres en el lanzamiento de una carta y obtenemos un cinco u otros números distintos a tres.

Evento favorable: *Etim. de Favorable. Del latín "favorabĭlis", favorable.* Evento que al realizarse, se hace sin problema alguno y su resultado es el esperado. Por ejemplo, en una tirada de baraja se espera un cinco, no importa de cual figura salga; siempre y cuando sea una cinco el evento se considera favorable, mientras que si sale cualquier baraja que no sea cinco se considera desfavorable.

Eventos iguales: *Etim. de Iguales. Del latín "aequãlis", de la misma naturaleza.* Se refiere a los sucesos que poseen las mismas características esenciales que permiten identificarlos como semejantes, de la misma clase o condición. Por ejemplo, dos personas lanzan dos dados cada una y ambas obtienen un tres en uno y un cinco en el otro.

Eventos igualmente probables: Se refiere a los eventos que tienen la misma posibilidad de darse. *Véase evento probable.*

Evento imposible: *Etim. de Imposible. Del latín "impossibĭlis", no posible.* Son eventos de realización o probabilidad nula. Por ejemplo, un **evento imposible** es aquel en que una misma persona esté físicamente el mismo día y la misma hora en dos ciudades distintas, que están separadas por 500 kms.

Evento improbable: *Etim. de Improbable. "Im", del latín "in", negación o privación, y del latín "probabĭlis", verosímil, o sea, no verosímil o no posible.* Se refiere a cuando un evento está destinado a no realizarse nunca. Por ejemplo, cuando al poner agua y aceite en un recipiente, se espera que se mezclen, lo cual, debido a las propiedades químicas de uno y otro elemento, jamás sucederá.

Evento posible: *Etim. de Posible. Del latín "possibĭlis",* que puede ser o suceder. Son eventos cuya realización es factible y se le puede asignar una probabilidad de que acontezca. Por ejemplo, un evento posible es aquel en que al tirar una moneda al aire caerá sol ó águila, dos posibilidades diferentes; o que al meter en una bolsa bolitas de colores roja, verde o azul, metamos luego la mano y seguro sacaremos una de cualquier color.

Evento probable: *Etim. de Probable. Del latín "probabĭlis",* verosímil. Se refiere al evento que tiene una determinada posibilidad de realizarse. Por ejemplo, al tirar una moneda al aire y esperar sol, existe la posibilidad de que salga sol, como de que salga águila. De igual forma al tirar un dado se espera salga un número par, puede que se dé o simplemente salir un número non.

Evento seguro: *Etim. de Seguro. Del latín "secūrus", exento de todo peligro, daño o riesgo.* Son eventos de realización o probabilidad constante. Por ejemplo: un **evento seguro** es que mañana sea otro día. Otro sería, que al tirar una moneda, es inevitable que caerá uno de los dos lados: águila o sol.

Evento simple: *Etim. de Simple. Del latín "simple", "simplus", sin composición.* Se refiere al evento que tiene solo una posibilidad de suceder. Por ejemplo: en una partida de dominó, hay solo una posibilidad de que salga un "doble" ó "mula" de 6 dado que en el juego solo existe una, así como también hay una sola ficha con doble de 1, de 2, de 3, etc. De igual forma en una partida de póker si esperamos un 7 de diamantes solo sucederá una vez en que este salga ya que solo existe uno en la partida.

Exágono ó hexágono: *Etim. Del latín "hexagōnum", y este del griego "ἑξάγωνος".* Polígono de seis lados. Véase polígono.

Fig. Exágono ó Hexágono.

Exágono regular: *Etim. de Regular. Del latín "regulāre", ajustar o computar.* Figura de seis lados y ángulos congruentes; o sea, equilátero y equiángulo. Cada uno de los ángulos de los que está formado mide 120°.

Exágono irregular: *Etim. Del latín "irregulāris", que está fuera de regla.* Figura de seis lados en la que sus lados y ángulos no son congruentes uno con el otro. Véase hexágono.

Expansión decimal: *Etim. Del latín "expansĭo", "ōnis", extenderse, dilatarse, y "decĭmus", diez.* Se refiere a la expansión de cifras en decimales que tiene un número entero. Por ejemplo, en la cantidad 13.25 la expansión reflejada es 0.25. La expansión la podemos obtener en una división no exacta. Por ejemplo, al dividir 25.697 sobre 26, obtenemos un resultado de 988.34; **la expansión decimal** de esta cantidad es **0.34**.

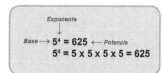

Experimental: *Etim. Del latín "experimentum", probar y examinar.* Se refiere a lo que se realiza basado en la experiencia, la teoría y a los conocimientos. Véase experimento.

Experimento: *Etim. Del latín "experimentum", probar y examinar.* Prueba o examen práctico que se realizan para descubrir, demostrar o comprobar las propiedades de un fenómeno o principio científico.

Exponente: *Etim. Del latín "exponĕre".* Número o letra que se coloca en la parte superior derecha de una cantidad, e indica las veces que ésta debe de multiplicarse por sí mismo. Al número que se multiplica por sí mismo se le llama base y al resultado de esta operación se le llama potencia. Por ejemplo, al realizar la siguiente operación 5^4 la potencia de este es 625. (5x5x5x5= 625). Véase potencia.

Exponente
↓
Base → 5^4 **= 625** ← Potencia
5^4 **= 5 x 5 x 5 x 5 = 625**

Extremos: *Etim. Del latín "extrēmus", último.* Se refiere a los valores que corresponden a los primeros datos de una expresión y al que se escribe de último (los dos dentro de la misma expresión). Por ejemplo: en la expresión 25 + 36 − 52 = 9 los extremos son 25 y 9, porque encontramos al principio 25 y al final el 9.

Expresión algebraica: *Etim. Del latín "expressio", "onis" y algebraico de álgebra, "al-djaber". También nombrada por los árabes "Amucabala", que significa la recomposición, reducción o restitución.* Es una expresión en la que se combinan números y variables (letras), ligadas por los signos de las operaciones de suma, multiplicación y potenciaciones y sus inversas. Por ejemplo:

$$5x + 8 - 9 = 19 \quad ó \quad 8x - 2x + 10 = 24$$

Expresión aritmética: *Etim. de Aritmética. Del griego "arithmos", número, y "tejne", ciencia.* Es una expresión en la que se combinan símbolos en este caso números y signos de operación; en esta expresión no existen las variables (letras). Por ejemplo: $5 + 9 - 8 = 5$

Expresión fraccionaria: *Etim. de Fraccionaria. Del latín "fractio", "onis", división en partes.* Es una expresión en la que intervienen números fraccionarios ligados por los signos de las operaciones de suma, multiplicación y potenciaciones y sus inversas. Por ejemplo:

$$\frac{5}{6} + \frac{8}{6} - \frac{2}{6} = \frac{11}{6}$$

Véase fracción.

Exterior: *Etim. Del latín "exterior", "oris", que está por la parte de fuera.* Fragmento de superficie que pertenece a la parte de afuera de un figura geométrica. Es lo que se refiere a lo que pertenece o está fuera del perímetro de la figura.

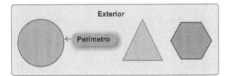

Exterior
Perímetro

f

Factor o Factores: *Etim. Del latín "facio", " factor", porque el factor hace, contribuye a hacer el cálculo.* Cada una de las cantidades o expresiones que se multiplican entre sí para formar un producto. Término de la multiplicación. También es un número que está contenido, de forma exacta, dos o más veces en una cantidad. Por ejemplo, el 6 es factor de 48 porque:

$$48 \div 6 = 8$$

Factor compuesto: *Etim. de Compuesto. Del latín "compositus", "componere", compuesto, ordenado, es decir, puesto con.* Factor que tiene más de dos divisores diferentes. Ejemplo: El número 18 como factor de 36 tiene a su vez 5 divisores: 1, 3, 6,9 y 18.

Factor primo: *Etim. de Primo. Del latín "primus", primero.* Factor que tiene solamente dos divisores: el 1 y él mismo. Son números con **factor primo** el 2, 3, 5, 7.... Ejemplo:

$$2 \div 1 = 2$$
$$2 \div 2 = 1$$

Factorización: Proceso que consiste en expresar un número como producto de dos o más de sus factores. Ejemplo: Factorización del número 30

$$30 = 6 \times 5 \text{ ya que } 6 \times 5 = 30.$$

Factorización prima o completa: **Expresar un número como producto de sus factores primos.** Ejemplo: $40 = 2 \times 2 \times 5 \times 2$ Donde los números 2 y 5 son factores primos.

Fahrenheit: Escala de temperatura. Véase grados Fahrenheit.

Se representa con el símbolo: °F

Figura geométrica: *Etim. Del latín "figura", la forma del objeto y de "geometricus", y este del griego "γεωμετρικός", perteneciente a la geometría.* Son figuras o dibujos representados o proyectados en una superficie que puede ser plana o curva y constituidos por puntos y diferentes tipos de líneas. Las **figuras geométricas** pueden poseer tres dimensiones (largo, ancho y profundidad) como por ejemplo un cono, un prisma, una pirámide, etc.; ó dos dimensiones (largo y ancho) como por ejemplo, un ángulo, un círculo, una circunferencia, etc., en cuyo caso también se llama figura plana. Véase figura plana.

Figura plana: Es una figura o dibujo que posee solamente dos dimensiones: ancho y largo, carece de profundidad. Un ángulo, un cuadrado, un rectángulo, son ejemplos de figuras planas.

40 Factor

Figuras congruentes: *Etim. de Congruente. Del latín "congruere", convenir a un tiempo.* Son aquellas figuras que tienen el mismo tamaño y la misma forma. Sus ángulos internos así como sus lados son respectivamente congruentes. Las figuras congruentes son a su vez semejantes.

Figuras semejantes: Son aquellas figuras que tienen la misma forma pero no tienen el mismo tamaño. Las figuras congruentes son semejantes, las figuras semejantes no son necesariamente congruentes. Cuando las figuras semejantes son polígonos la razón entre sus lados correspondientes son proporcionales.

Fila: *Etim. Del francés "file", en fila.* Grupo de números u objetos que se colocan en forma horizontal uno seguido de otro, en un cuadro o tabla. Compárese con columna.

Fig. Las frutas están en fila de izquierda a derecha: 3 fresas, 3 bananos y 3 naranjas.

Finito: *Etim. Del latín "finitus", acabado, finalizado.* Número o cantidad que tiene fin o límite. Conjunto que tiene una cantidad limitada de elementos.

Fig. Un conjunto de libros en una estantería es finito ya que su cantidad allí es limitada.

Fórmula: *Etim. Del latín "formŭla", diminutivo de "forma", regla, aviso.* Ecuación o regla que relaciona entes matemáticos o magnitudes físicas y que permite calcular una de ellas conociendo las demás. Por ejemplo, la expresión:

$$A = \frac{Dd}{2}$$

Donde A significa área, D diagonal mayor y d diagonal menor.

Formula cuadrática: La fórmula cuadrática sirve para resolver ecuaciones de segundo grado o ecuaciones cuadráticas y es probablemente una de las cinco fórmulas más utilizadas en matemáticas.

$$x=(-b \pm \sqrt{b^2 - 4ac})/2a.$$

Véase lámina didáctica Productos notables y Factorización, Línea recta y Fórmula general de la cuadrática.

f

Fórmula de Herón: Fórmula descubierta por Herón de Alejandría. Se utiliza para conocer el área de un triángulo, siempre y cuando se conozcan las medidas de su tres lados.

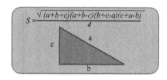

Fracción: *Etim. Del latín "fractio", "nis", derivada de "frango", quebrar, hacer pedazos; es decir, cosa rota, quebrada.* Cada unas de las "n" partes iguales en que se divide una unidad.

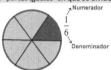

Numerador
$\frac{1}{6}$
Denominador

Fracción común: *Etim. de Común: Del latín "commūnis", extensivo a varios.* Fracción cuyo numerador y denominador son enteros. También se le llama fracción simple o fracción ordinaria.

$\frac{3}{4}$ ←SI $\frac{22}{3/5}$ ←NO $\frac{19}{2000}$ ←SI

Fracción Canónica: Es aquella fracción que no se puede dividir o simplificar más. Véase simplificación.

$$\frac{9}{36} = \frac{1}{4}$$

$\frac{1}{4}$ Es una fracción canónica ya que no se puede dividir más.

Fracción decimal: *Etim. de Decimal. Del latín "decem", diez.* Es aquella fracción donde el denominador es 10, 100, 1000, 10000...o sea el número 1 seguido de ceros.

$$\frac{36}{100} \qquad \frac{120}{1000}$$

Fracciones, División de: Véase División de Fracciones.

Fracción(es) en la recta numérica: Todas las fracciones pueden ubicarse en la recta numérica. En la fracción propia se ubica entre el 0 y el 1 de la recta. Sólo habrá que dividir ese segmento de recta en las partes que indica el denominador de la fracción, mientras el numerador nos señala cuántas partes hay que tomar. Por ejemplo, si ubicamos $\frac{2}{3}$ en la recta numérica, dividimos en 3 partes iguales la distancia que existe entre 0 y 1. A continuación nominamos cada tercio.

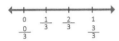

En la fracción impropia las fracciones, antes de ubicarlas en la recta numérica, necesitan ser transformadas a número mixto. Esto debido a que las fracciones impropias son mayores que 1. Al convertirlas en número mixto, el entero que se obtiene nos indica entre qué números enteros está la fracción impropia, y la fracción que nos resulta se ubica entre dichos números. Por ejemplo, veamos qué sucede con $\frac{5}{3}$.

$$\frac{5}{3} = 1\frac{2}{3}$$

El entero 1 nos indica que la fracción está entre el 1 y el 2. Por eso, dividimos ese segmento (del 1 al 2) en tres partes iguales y marcamos donde va $\frac{2}{3}$. De este modo, ubicamos allí mismo los $\frac{5}{3}$, que corresponden a nuestra fracción original. Por ejemplo:

Y en la(s) fracción(es) igual(es) a la unidad éstas se ubican siempre en el número 1. Por ejemplo, 2/2=1

Véase fracción propia, fracción impropia y fracción igual a la unidad.

Fracciones equivalentes: *Etim. de Equivalentes. Del latín "aequus", igual, y "valeo", valer; valor igual.* Son aquellas fracciones que tienen el mismo valor numérico o representan la misma cantidad. Si multiplicamos o dividimos el numerador y el denominador de una fracción por un mismo número se obtiene una fracción equivalente. O si simplificamos una fracción, dividiendo su numerador y denominador por un mismo también obtendremos una fracción equivalente. Podemos comprobar si dos fracciones son equivalentes multiplicando en cruz: el denominador de la primera fracción por el numerador de la segunda y el numerador de la primera por el denominador de la segunda; si ambas multiplicaciones tienen el mismo resultado las fracciones son equivalentes.

$$\frac{1}{2} \text{ Es equivalente a } \frac{2}{4} \text{ Por que } \frac{1}{2} \times \frac{2}{4} \begin{matrix}(2 \times 2 = 4)\\ (4 \times 1 = 4)\end{matrix}$$

Lo anterior quiere decir , por ejemplo, que al dividir un pan en dos partes iguales y comerse una (1/2) equivale a dividirlo en cuatro partes iguales y comerse dos (2/4).

Fracciones heterogéneas: *Etim. de Heterogénas. Del griego "heteros", distinto, y "genos", género; género distinto.* Son aquellas fracciones que poseen denominadores diferentes.

$$\frac{6}{7} \, , \, \frac{8}{10} \, , \, \frac{15}{27}$$

Fracciones homogéneas: *Etim. de Homogéneas. Del griego "omalos", semejante, y "genos", género; de géneros semejantes.* Son aquellas fracciones que poseen denominadores iguales.

$$\frac{1}{9} \, , \, \frac{18}{9} \, , \, \frac{27}{9}$$

Fracción(es) igual(es) a la unidad: Las fracciones en las que el numerador es igual al denominador se llaman iguales a la unidad. Esta igualdad significa que las partes que se han tomado del entero son iguales al número total de partes. Ejemplo:

$$\frac{4}{4} = 1 \qquad \text{Cuatro cuartos}$$

Véase fracción propia, fracción impropia y fracción en la recta numérica.

Fracción impropia: *Etim. de Impropia. Del latín" improprïus", falto de cualidades.* Es aquella fracción donde el numerador es mayor que el denominador, por lo tanto es mayor a la unidad.

$$\frac{11}{3} = 3,66 \quad \text{(Cifra mayor a la unidad)}$$

Fracción irreducible: En matemáticas decimos que una

fracción es **irreducible** cuando no puede ser simplificada; en otras palabras, cuando su numerador y su denominador son primos entre sí, es decir, su máximo común divisor es 1. Ejemplos:

$$\frac{2}{11}$$

es irreducible, pues entre 2 y 11 no hay ningún factor común, es decir, el 2 y el 11 son números primos entre sí.

- también es una **fracción irreducible**, pues $\frac{1}{3}$ tanto el 1 como el 3 son número primos entre sí.

Fracción mixta: Véase número mixto.

Fracciones, Multiplicación de: Véase Multiplicación de Fracciones.

Fracciones no equivalentes: *Etim. de No equivalentes. Del latín "non", negar, y "aequus", igual, y "valeo", valer; valor no igual.* Son aquellas fracciones que no tienen el mismo valor numérico. Podemos comprobar si dos fracciones no son equivalentes multiplicando en cruz: el denominador de la primera fracción por el numerador de la segunda y el numerador de la primera por el denominador de la segunda, si ambas multiplicaciones tienen diferente resultado las fracciones no son equivalentes.

$$\frac{1}{2} \text{ No es equivalente a } \frac{3}{4} \text{ Por que } \frac{1}{2} \bowtie \frac{3}{4} \begin{matrix} (2\times3=6) \\ (4\times1=4) \end{matrix}$$

Fracción nula: *Etim. de Nula. Del latín "nullus", sin valor.* Es aquella fracción donde el numerador es igual a 0, por lo tanto su valor numérico también es cero.

$$\frac{0}{25} = 0 \div 25 = 0$$

Fracción propia: *Etim. de Propio. Del latín "proprio", característico.* Es aquella fracción donde el numerador es menor que el denominador, por lo que es menor que la unidad.

$$\frac{3}{15} = 0,2 \text{ Número decimal}$$

Fracción reducible: *Etim. de Reducible. Del latín "reducĕre", disminuir, aminorar.* Fracción en la que el numerador y el denominador no son primos entre sí y puede ser simplificada. En matemática, decimos que una **fracción** es **reducible** cuando puede ser simplificada; en otras palabras, cuando su numerador y su denominador

tienen divisores comunes. Ejemplo:

La fracción: $\dfrac{25}{10}$

es reducible, dado que la podemos representar:

$$\frac{25}{10} = \frac{5 \cdot 5}{2 \cdot 5} = \frac{5}{2}$$

Fracciones, Resta de: Véase Resta de Fracciones.

Fracciones, Suma de: Véase Suma de Fracciones.

Fracción unitaria: Una fracción unitaria, llamada también unidad fraccionaria, es un número fraccionario cuyo numerador es 1 y el denominador es un entero positivo. Las fracciones unitarias son por tanto los inversos de los enteros positivos, $\frac{1}{n}$. Ejemplos:

$$\frac{1}{1}, \frac{1}{2}, \frac{1}{3}, \frac{1}{42}$$

Frecuencia: *Etim. Del latín "frequentia", repetición.* Es una medida que se utiliza generalmente para indicar el número de repeticiones de cualquier evento o suceso periódico en la unidad de tiempo. Cantidad de veces que se repite un evento. Ejemplo: Si en un período de 31 días, cae nieve en 12, la **frecuencia** con que se repite ese evento es 12.

Frecuencia Absoluta: *Etim. de Absoluta. Del latín "absolūtus", que excluye cualquier relación.* La frecuencia absoluta es el número de veces que aparece un determinado valor en un estudio estadístico. Se representa por f_i (en minúscula). La suma de las frecuencias absolutas es igual al número total de datos, que se representa por N. Ejemplo: Durante el mes de Enero, en una ciudad de México se han registrado las siguientes temperaturas máximas: 32, 31, 28, 29, 33, 32, 31, 30, 31, 31, 27, 28, 29, 30, 32, 31, 31, 30, 30, 29, 29, 30, 30, 31, 30, 31, 34, 33, 33, 29, 29. En la primera columna de la tabla colocamos la variable ordenada de menor a mayor y en la segunda anotamos la frecuencia absoluta.

x_i	f_i
27	1
28	2
29	6
30	7
31	8
32	3
33	3
34	1
	31

Frecuencia acumulada: *Etim. de Acumulada. Del latín "accumulāre", juntar, amontonar.* La **frecuencia acumulada** en una serie de datos es la suma de las frecuencias absolutas de todos los valores inferiores o iguales al valor considerado. La **frecuencia acumulada** se representa por F_i **(con Mayúscula)**. Ejemplo: Durante el mes de agosto, en una ciudad de México se han registrado las siguientes temperaturas máximas: 32, 31, 28, 29, 33, 32, 31, 30, 31, 31, 27, 28, 29, 30, 32, 31, 31, 30, 30, 29, 29, 30, 30, 31, 30, 31, 34, 33, 33, 29, 29.

x_i	f_i	F_i
27	1	1
28	2	3
29	6	9
30	7	16
31	8	24
32	3	27
33	3	30
34	1	31
	31	

Frecuencia relativa: *Etim. de Relativo. Del latín "relatīvus", que guarda relación con algo.* La **frecuencia relativa** en una serie de datos agrupados, es el cociente entre la frecuencia absoluta (número de veces que aparece el dato de un determinado valor) y el número total de datos. Ejemplo: Durante el mes de marzo, en una ciudad de Puerto Rico se han registrado las siguientes temperaturas máximas: 32, 31, 28, 29, 33, 32, 31, 30, 31, 31, 27, 28, 29, 30, 32, 31, 31, 30, 30, 29, 29, 30, 30, 31, 30, 31, 34, 33, 33, 29, 29.

x_i	f_i	n_i
27	1	0.032
28	2	0.065
29	6	0.194
30	7	0.226
31	8	0.258
32	3	0.097
33	3	0.097
34	1	0.032
	31	1.000

La **frecuencia relativa** se puede expresar en tantos por ciento y se representa por ni. La suma de las **frecuencias relativas** es igual a 1 o 100%.

g

Galón: *Etim. Del inglés "gallon".* Medida de capacidad para líquidos, usada en Gran Bretaña, donde equivale a algo más de 4,546 L y en América del Norte, donde su valor es igual a 3.785 litros.

Es muy común, encontrar ejercicios de conversión de unidades. Por ejemplo, convertir 15 gal UK a litros.

> **1 galón = 3.785 litros**
> **15 galones = X**   **Respuesta = 56.775 litros**

Geometría: *Del griego "geos" que significa tierra y "metron" que significa medida.* Parte de las matemáticas que se encarga del estudio de las propiedades y forma en que se encuentran las figuras planas y espaciales, como las líneas, los polígonos y los cuerpos.

Giga: *Etim. Del latín "gigas- antis", mil millones.* Es un prefijo que significa mil millones o millardo: 1 000 000 000 = 10^9. El símbolo de giga es: G.

Girar: *Etim. Del latín "gyrāre".* Rotar alrededor de un punto o de un eje.

Fig. Un trompo gira sobre su eje.

Gradián: Refiere a la unidad de ángulo, equivalente a 0.9 grados. En un ángulo obtuso de 130° existen 144.44 gradianes. Véase grado centesimal.

> **1 gradian = 0.9 grados**
> **X = 130 grados**   **Respuesta = 144.44 gradianes**

Véase grado centesimal.

Grado: Cada uno de los diversos estados, valores o calidades que, en relación de menor a mayor, puede tener cualquier característica o magnitud. Valor o medida de alguna magnitud o cualidad que puede variar en intensidad. Por ejemplo, la temperatura. En **Geometría**, cada una de las 360 partes iguales, en que puede dividirse la circunferencia. Se emplea también para medir los arcos de los ángulos.

En **Matemática**, grado en una ecuación o en un polinomio, es el término en el que la variable tiene exponente mayor. Su símbolo es °.

En relación seria:
$1° = 1/360°$ partes de la circunferencia.

(°) grado

Grado centígrado o grado Celsius: Unidad de temperatura que equivale a la centésima parte de la diferencia entre los puntos de fusión del hielo y de ebullición del agua, a la presión normal. Su símbolo es °C. Compárese con grado Fahrenheit y grado Kelvin.

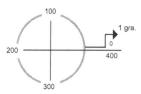

	º Centígrados	Kelvin	º Fahrenheit
Ebullición del agua	100	373.16	212
Congelación del agua	0	273.16	32
Cero absoluto	-273.16	0	-459.69

Grado centesimal: *Etim. de Centesimal. De "centésimo", que pertenece del 1 al 99.* Conocido también como gradián. Unidad de medida angular; resulta de la división de un ángulo recto entre 100 para determinar el valor de un grado centesimal. En este caso cada cuarto de la circunferencia tiene un valor de 100 y cada cuarto de la circunferencia en grados reales tiene un valor de 90°, por lo que si dividimos 90 entre 100 nos da un valor a cada grado centesimal de 0.9°. Véase gradián.

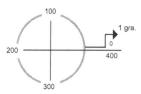

Grado Fahrenheit: Su símbolo (°F). Perteneciente al sistema internacional de unidades de medida; se utiliza para determinar temperatura. Para asignarle un valor a la escala Fahrenheit, se determinó que el punto de congelación del agua sería de 32 grados y 212 para el punto de ebullición, lo que significa que existen 180 divisiones o grados en esta escala, mientras en la escala Celsius o centígrada son 100. Para hacer la conversión de una escala a otra hacemos uso de las siguientes ecuaciones o fórmulas.

$T_f = 9/5\, T_c + 32$ para convertir grados Celsius a Fahrenheit y:

$T_c = 5/9\, T_f - 160/9$ para convertir grados Fahrenheit a grados Celsius.

Galón
44
g

Grado Kelvin o Escala absoluta: Su símbolo (K). Perteneciente al sistema internacional de unidades de medida. Para grados kelvin el punto de congelación del agua es de 273.16 K y el punto de ebullición es de 373.16 K. La relación entre las escalas absoluta y centígrada es: $T_k = T_c + 273.16$

Grado sexagesimal: *Etim de Sexagesimal. De "sexagésimo", de contar de 60 en 60.* Unidad de medida angular. Su símbolo (°). Véase grado.

g

Gráfica o Gráfico: *Etim. Del latín "graphicus".* Representación de datos numéricos por medio de líneas, figuras, dibujos ó signos para representar información y facilitar su análisis, comparación y comprensión. Los gráficos también sirven para hacer visible la relación que los datos guardan entre sí.

Gráfico circular: *Etim. de Gráfico. Del latín "circularis", redondo.* Conocido también como gráfica de pastel. En este se expresa la distribución porcentual (%) o proporcional de datos o eventos de un estudio. Este nos permite el análisis rápido de información. El gráfico no debe de exceder más de 7 categorías, porque se vuelve compleja la representación, por lo que si se excede es recomendable realizar otro tipo de gráfico. Por ejemplo, preferencia de mascotas en un grupo de personas.

GRÁFICA DE PREFERENCIA DE MASCOTAS

35 % — 25 % — 20 % — 20 %

■ Perro
■ Pájaro
■ Hamster
■ Gato

Gráfico(a) de barras: *Etim. de "Barras". Del latín vulgar "barra", pieza mucho más larga que gruesa.* También conocido como gráfico de columnas, se utiliza para facilitar la comprensión, comparación y/ó análisis de unos datos. Es un diagrama con barras rectangulares de longitudes proporcional al de los valores que representan. Las barras pueden estar orientadas horizontal o verticalmente. Las rectas horizontal y vertical, en donde se colocan los datos a analizar ó comparar, se llaman ejes de la gráfica.

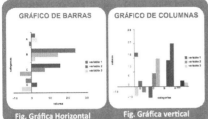

Gráfico estadístico: *Etim. de Estadístico. Del alemán "Statistik", estudio de datos.* Representación visual por medio de símbolos, barras, figuras etc., que resumen un conjuntos de datos previamente ordenados y analizados. Existen varios gráficos en los que se pueden representar los datos de dichos estudios pero los más conocidos son gráfica de barras, histogramas, polígonos de frecuencias, gráfica de pastel o circular, el pictograma etc.

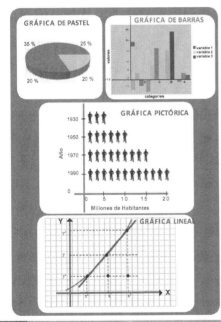

Gráfico lineal: *Etim. de Lineal. Del latín "linealis".* En este gráfico se utiliza una línea quebrada según sea la representación. Es recomendable para representar datos que se recolectan en el tiempo, en las cuales se muestran máximos y mínimos. En el plano se dibujan dos líneas: una horizontal y otra vertical. En la línea horizontal se presentan los eventos a registrar y en la vertical la frecuencia o se confronta con otra característica.

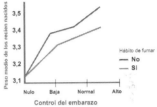

Gráfico pictórico: *Etim. de Pictórico. Del latín "pictor", "-oris", pintor.* Conocido también como pictograma. Este grafico se denomina así, ya que los dibujos y símbolos que se utilizan, indican los eventos y proporción en que se presentan. Por ejemplo, una serie de motocicletas o coches uno detrás de otro para representar las ventas comparativas de motos y coches. O los millones de barriles de petróleo que exporta o importa un país. Los símbolos pueden ser todos del mismo tamaño o estar distorsionados para ajustarse a la longitud requerida de la barra.

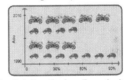

Gramo: *Etim. Del giego "γράμμα", escrúpulo.* Su símbolo (g). Perteneciente al sistema internacional de unidades de medida. Unidad que mide la masa, definida originalmente como la masa de un centímetro cúbico o mililitro de agua destilada a 4 °C. Dentro de ella existen múltiplos y submúltiplo. Los múltiplos los definimos como decagramo, hectogramo y el kilogramo mientras que los submúltiplos son decigramo, el centigramo y el miligramo.

	Nombre	Símbolo	Equivalencia
Múltiplos	Kilogramo	kg	1,000 g
	Hectogramo	hg	100 g
	Decagramo	dag	10 g
	Gramo	g	1 g
Submúltiplos	Decigramo	dg	0.1 g
	Centigramo	cg	0.01 g
	Miligramo	mg	0.001 g

Grosor: Espesor o anchura de un cuerpo sólido.

Grupo: *Etim. Del italiano "gruppo".* Conjunto de personas, animales o cosas para el estudio de cualquier área de las matemáticas o de cualquier asignatura.

Guarismo: Cada uno de los signos que integran una cifra. Véase Dígito.

h

Haz de planos: *Etim. de Planos. Del latín "planus", sin relieves, liso.* Conjunto de planos que pasa por una misma recta.

 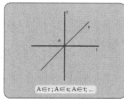

Haz de rectas: *Del latín "fascis", rectas que pasan y "rectus", que no se inclina.* Conjunto de rectas que concurren en un mismo punto.

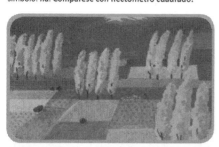

Hectárea ó hectómetro cuadrado: *Etim. de "hecto", cien, y "area", equivalente a cien áreas."* Unidad de superficie equivalente a 100 áreas. Una hectárea equivale a diez mil metros cuadrados. Múltiplo del área que abarca una superficie cuadrada de 100 metros de lado. Se utiliza para medir superficies rurales, bosques, plantaciones y demás extensiones de terrenos naturales. Se representa con el símbolo: ha. Compárese con hectómetro cuadrado.

Haz de planos

h

Hectogramo: Unidad de masa. Es el segundo múltiplo del gramo. Un hectogramo equivale a 100 gramos. Se representa con el símbolo: hg.

Hectolitro: Unidad de capacidad. Es el segundo múltiplo del litro. Un hectolitro equivale a 100 litros. Se representa con el símbolo: hl.

Hectómetro: Unidad de longitud. Es el segundo múltiplo del metro. Un hectómetro equivale a 100 metros. Se representa con el símbolo: hm.

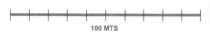

100 MTS

h

Hectómetro cuadrado: *Etim. de Cuadrado. Del latín "quadrătus, cerrado por cuatro líneas rectas.* Unidad de superficie. Es el segundo múltiplo del metro cuadrado. Equivale a una hectárea, es decir un cuadrado de 100 m de lado. Se representa con el símbolo: hm². Compárese con hectárea.

100 m

100 m

Hectómetro cúbico: *Etim. de Cúbico. Del latín "cubĭcus", y este del griego "κυβικός".* Unidad de volumen. Es el segundo múltiplo del metro cúbico. Un **hectómetro cúbico** equivale a 1 000 000 de metros cúbicos. Se representa con el símbolo: hm³.

100 m

100 m

100 m

Hélice: *Del latín "hélix", "ĭcis", y este del griego "ἕλιξ", "ικος", espiral.* Curva espacial trazada en la superficie de un cilindro o de un cono, que va formando un ángulo constante con sus generatrices. Ejemplo: la rosca de una tuerca tiene forma de hélice.

Hemisferio: Cada una de las dos mitades de una esfera dividida por un plano que pasa por su centro.

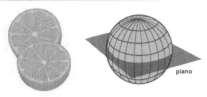

plano

Heptágono: *Etim. Del latín " heptagōnum", y este del griego "ἑπτάγωνος", de siete ángulos.* Es un polígono con siete lados y siete vértices. Hay dos clases de heptágonos: regulares e irregulares.

Heptágono regular.   Heptágono irregular.

Heterogéneo: *Etim. Del latín "heterogenĕus", y este del griego "ἑτερογενής", compuesto de partes de diversa naturaleza.* Compuesto de componentes o partes de distinta naturaleza o características. Ejemplo: Fracciones heterogéneas pues poseen distintos denominadores.

Hexágono: Es un polígono de seis lados y seis vértices. Pueden ser regulares o irregulares. Véase también exágono.

Hexágono regular.   Hexágono irregular.

Hipotenusa: *Etim. Del latín "hypotenūsa", y este del griego "ὑποτείνουσα".* Lado opuesto al ángulo recto en un triángulo rectángulo. Es el mayor de sus lados, a los lados menores y perpendiculares se les denomina catetos.

Hipotenusa B Cateto a
A C
Cateto b

Hipótesis: *Etim. Del latín "hypothĕsis", y este del griego "ὑπόθεσις", suposición.* Suposición de algo posible o imposible para sacar de ello una conclusión.

Es también la proposición que se establece provisionalmente como base de una investigación que puede confirmar o negar la validez de aquella. Su valor reside en la capacidad para establecer más relaciones entre los hechos y explicar el por qué se producen.

Histograma: *Etim. Del latín "histo" y "grama", distribución gráfica de frecuencias.* Representación gráfica de una variable en forma de barras, donde la superficie de cada barra es proporcional a la frecuencia de los valores representados.

Homogenizar: Pasar o convertir dos o más fracciones heterogéneas en homogéneas. Esto se logra simplificando o amplificando convenientemente cada fracción.

Homogéneo: *Etim. Del latín "homogenĕus", y este del griego "ὁμογενής".* Compuesto de componentes o partes de igual naturaleza o características. Ejemplo: Fracciones homogéneas pues poseen denominadores iguales.

Homotecia: Trasformación geométrica que, a partir de un punto fijo, multiplica todas las distancias por un mismo factor. Una **homotecia** en el plano es una transformación del plano en sí mismo en donde una recta y su homóloga son paralelas. De esta definición, se sigue fácilmente que las **homotecias** conservan ángulos, es decir, son transformaciones conformes del plano, que el conjunto de **homotecias** forman un grupo y que las traslaciones son casos particulares de las **homotecias**.

Hora: *Etim. Del latín "hora".* Es una unidad de tiempo. Corresponde a la veintiava parte de un día, equivale a su vez a 60 minutos y a 3600 segundos. Las horas se miden por medio del reloj.

Horizontal: *Etim. Del latín "horĭzon", "ontis", y este del griego "όρίζων", "οντος".* Dirección paralela al horizonte. No se desvía hacia arriba o abajo.

Inclinado: *Etim. Del latín "inclināre".* Mover un objeto o elemento de tal manera que quede en una posición distinta a la horizontal o a la vertical o de tal modo que, en relación con un eje horizontal o vertical, forme un ángulo distinto de 90 grados.

Icosaedro: *Etim. Del griego "εὲίκοσάεδρος", limitado.* Es un poliedro de veinte caras, convexo o cóncavo. Veinte triángulos equiláteros forman un **icosaedro** regular.

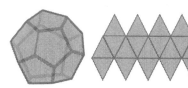

Fig. Icosaedro regular

Incógnita: *Etim. Del latín "incognĭtus", no conocido.* Una **incógnita** es un valor desconocido en una operación. Particularmente en álgebra y sus derivadas, una **incógnita**, es una variable cuyo valor no se conoce y va a ser determinado; la forma de fijar o encontrar esa "incógnita" es una ecuación y se representa mediante letras y números. Por ejemplo,

$$x + 8 = 12 \qquad A = b \times a$$

Indivisible: *Etim. Del latín "indivisibĭlis", que no se puede dividir.* Número que no admite división exacta por un determinado valor. Por ejemplo, el 20 no es divisible entre 7.

Igual que: *Etimología de Igual. Del latín "aequālis", de la misma naturaleza.* La expresión **igual que** significa que dos cantidades o elementos son equivalentes o sea que poseen el mismo valor numérico. Ejemplo: La expresión x = 8 significa que la equis tiene el mismo valor numérico que el 8, no que sean exactos en forma, sonido o gramática.

$\frac{3}{9}$ es igual que $\frac{1}{3}$ pues poseen el mismo valor numérico

Incrementar: *Etim. Del latín "incrementāre".* Hacer más grande algo (en tamaño o en cantidad).

Igualar: Relacionar dos cantidades o funciones matemáticas con el signo igual de tal forma que resulten equivalentes.

Impar:. *Etim. Del latín "impar", "āris", sin par.* Cantidad que no puede ser dividida exactamente por dos. Por ejemplo, el número 3 es impar porque no es divisible exactamente por dos. Véase número impar.

Impuesto: *Etim. Del latín "imposĭtus".* Tributo que exige el Estado en función de la capacidad económica de los obligados a su pago, para financiar sus gastos. Ejemplos: Impuestos de venta y de renta.

Incremento: *Etim. Del latín "crementin", "incrementum", aumento.* **Pequeño aumento o diminución de una variable; se denota Δ.**

Índice: *Etim. Del latín "index", "ĭcis", indicio, señal de algo.* En la radicación el índice corresponde al número que índica cuántas veces debe multiplicarse la raíz por sí misma para obtener el subradical. El signo radical es: $\sqrt{}$ y el índice se escribe en la parte superior izquierda del signo y en tamaño pequeño. Cuando el índice es

3 se lee "raíz cúbica", si es cuatro se lee "raíz cuarta" y así sucesivamente; en el caso de no haber índice se sobreentiende que es raíz cuadrada o índice 2.

$$\overset{\text{Índice}}{\sqrt[2]{49}} = 7 \quad \leftarrow \text{Raíz}$$

Índice · Radical · Cantidad subradical

Individuo: *Etim. Del latín "individŭus". individual, que no puede ser dividido.* Un **individuo** o unidad estadística es cada uno de los elementos que componen la población.

Infinitesimal: *Etim. Del francés "infinitésimal" muy pequeña.* Cantidad infinitamente pequeña que tiende o se aproxima a cero.

Infinito: *Etim. Del latín "infinĭtus", que no tiene ni puede tener fin ni término.* Sin fin, sin límite, innumerable, que no termina. Conjunto con cantidad ilimitada de elementos. Símbolo:

$$\infty$$

Información: *Etim. Del latín "informatĭo", "ōnis", informar.* Recolección de datos obtenidos mediante una encuesta. Son datos que pueden ser comparados, analizados e interpretados estadísticamente. **Información** también se refiere a la presentación de los datos ya procesados al público. En un problema matemático se refiere a todas las características, medidas, dimensiones de los elementos que integran una situación o problema.

Inradio: Nombre con que también se conoce a la apotema. Véase apotema.

Inscrito (a): Si una circunferencia está ubicada dentro de un polígono regular, de tal forma que todos los lados de ese polígono son tangentes a ella, se dice que la circunferencia está **inscrita** en el polígono. Si por el contrario, un polígono está ubicado dentro de una circunferencia, de tal forma que todos sus vértices la tocan, podemos decir que es un polígono **inscrito** en una circunferencia. En el primer caso, el radio de la circunferencia coincide con la apotema del polígono y en el segundo, el radio de la circunferencia coincide con el segmento que une al centro del polígono con sus vértices.

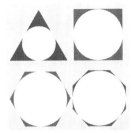

Interés: *Etim. Del latín "interesse", importar.* Es el dinero pagado por el uso del capital durante cierto tiempo y es proporcional al capital, al tiempo y al porcentaje, rédito o rata a que se preste.

Interés compuesto: *Etim. de Compuesto. Del latín "composĭtus", "componĕre", componer.* El **interés compuesto** es en el que el capital de un nuevo período es el capital más los intereses del período anterior. La fórmula básica para el **interés compuesto** es:

$VF = VP \, (1+r)^n$ Para calcular el valor futuro, donde:

- VF = valor futuro,
- VP = valor presente,
- r = tasa de interés (en decimal), y
- n = número de periodos

Con esto podemos calcular el **VF** si sabemos el **VP**, la tasa de interés y el número de períodos.

Interés simple: *Etim. de Simple. Del latín "simple","simplus", sin composición.* El interés simple es el interés calculado sobre el capital primitivo que permanece invariable. En consecuencia, el interés obtenido en cada intervalo unitario de tiempo es el mismo. La fórmula para calcular el interés simple es:

$$I = \frac{c \times r \times t}{100}$$

Donde: I es interés, c es capital, r es rédito y t tiempo.

Interior: *Etim. Del latín "interĭor", "ōris", que está en* *la parte de adentro.* Parte interna de un polígono, circunferencia o ángulo. En el caso de figuras cerradas tales como polígonos o circunferencias el concepto de **interior** aplica a la parte de adentro o delimitada por el perímetro, en el caso de figuras abiertas, como los ángulos por ejemplo, aplica a la parte que está del lado de la abertura menor.

La parte coloreada corresponde al **interior** de la figura. El **interior** no incluye el perímetro.

Intersección: *Etim. Del latín "intersectĭo", "ōnis", encuentro.* Dados dos o más conjuntos la intersección es la agrupación formada por los elementos comunes a todos los conjuntos. Su símbolo es: ∩. Ejemplo: la **intersección** de dos líneas es el punto común, la de dos planos es una línea recta.

La zona sombreada corresponde a la **intersección** de ambos conjuntos.

Intersección de un plano y un cono recto triangular.

Intersecar o intersecarse: *Etim. Del latín "intersecāre".* Encuentro de dos líneas, dos superficies o dos sólidos que recíprocamente se cortan en un punto, en una línea y en una superficie. Dicho de dos líneas o de dos superficies: Cortarse o cruzarse entre sí. Tener un punto en común. Se dice que dos rectas se "**intersecan**" porque son secantes; por lo mismo es incorrecto decir "se intersectan".

Fig. La línea negra y la azul se intersecan. Su intersección es un punto.

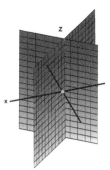

Fig. Dos planos que se cortan. Su intersección es una línea.

Intervalo: *Etim. Del latín "intervallum", espacio ó distancia.* Se llama **intervalo** al conjunto de números reales comprendidos entre otros dos dados: a y b que se llaman extremos del intervalo. **Intervalo** abierto, (a, b), es el conjunto de todos los números reales mayores que a y menores que b. **Intervalo** cerrado, [a, b], es el conjunto de todos los números reales mayores o iguales que a y menores o iguales que b.

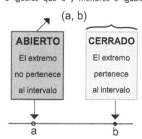

Inversamente proporcionales: *Etim. Del latín "inversus", alterado, y "proportiōnālis", relativo a la proporción.* Dos magnitudes son inversamente proporcionales si están ligadas por un producto constante, de tal manera que si la una aumenta la otra disminuye en la misma proporción y viceversa. Véase proporcionalidad inversa.

Irreductible: Operación, número o figura que no puede ser reducida o simplificada más.

Isósceles: *Etim. Del griego "isos", igual, y "skelos", pierna. De piernas iguales.* Hace referencia a los polígonos que tienen sus lados de igual longitud. Véase triángulo isósceles y trapecio isósceles.

j

Jeme: *Etim. Del latín "semis", mitad.* Unidad variable de medida que consiste en la distancia máxima que hay desde el extremo del pulgar al índice. Esta medida varía de acuerdo con el país o la región de los habitantes que la usan. Usualmente su medida equivale a aproximadamente 14 centímetros.

Juego justo: *Etim. de Justo. Del latín "iustus", que obra según justicia y razón.* Estadísticamente el juego justo se refiere a la igual probabilidad que tienen todos los jugadores participantes de ganar en el juego planteado.

Justificar: *Etim. Del latín "iustificāre", probar con razones.* Igualar el largo de las líneas según la medida exacta que les corresponde. Probar con razonamientos convincentes un razonamiento o postulado.

k

Kelvin: *Etim. Del primer barón de Kelvin, W. V. Thomson, 1824-1907, matemático y físico inglés.* Unidad de medida en la escala de temperatura absoluta en la que el cero, llamado cero absoluto, equivale a -273,16 °C. Su símbolo es K. La escala Kelvin no admite temperaturas negativas o sea bajo cero. En esta escala el punto de fusión del agua es de 273.15 °K y el de ebullición es de 373.15 °K, es decir entre estos dos puntos hay 100 °K.

Para convertir grados Kelvin a grados Celsius hacemos uso de la siguiente fórmula de conversión:

$$T_c = 1°C/°k(T_K)- 273.15°C$$

Kilogramo patrón: *Etim. Del griego "jilioi", mil, "gramma", peso, y del latín "patrōnus", defensor, protector.* Es la unidad básica de masa del Sistema Internacional de Unidades (SI) y su patrón. Es definido como la masa que tiene el prototipo internacional, compuesto de una aleación de platino e iridio, que se guarda en la Oficina Internacional de Pesos y Medidas en Sèvres, localidad cerca de París. Es este prototipo internacional el referente a la hora de saber la masa de cualquier otro objeto del mundo. La masa de este prototipo es equivalente a la masa de un litro de agua destilada a 4 °C como inicialmente se definió. Su símbolo es kg en minúscula y sin puntos.

Kilolitro: *Etim. Del griego "jilioi", mil, "gramma", peso, "litra", una medida de capacidad.* Es una unidad de volumen equivalente a mil litros. Es el tercer múltiplo del litro y también equivale a 1 metro cúbico y se representa con el símbolo kl.

Kilómetro: *Etim. Del griego "jilioi", mil, "metron", medida.* Es una unidad de longitud, tercer múltiplo del metro. Su símbolo es km, que se usa también para el plural: 1 km, 10 km. Un kilómetro equivale a 1000 metros.

1 km

Kilómetro cuadrado: Tercer múltiplo del metro cuadrado. Su símbolo es km², que se usa también para el plural: 1 km², 10 km². **Un kilómetro cuadrado** equivale a 1 000 000 metros cuadrados.

1 km

1 km

Kilómetro cúbico: Tercer múltiplo del metro cúbico. Su símbolo es km³, que se usa también para el plural: 1 km³, 10 km³. Un **kilómetro cúbico** equivale a 1 000 000 000 (mil millones) metros cúbicos.

Kilómetro por hora: El **kilómetro por hora** es una unidad de velocidad. Se calcula dividiendo la distancia recorrida medida en kilómetros entre el tiempo medido en horas. Es una unidad utilizada mundialmente en la señalización de las vías y en los velocímetros de los carros. El símbolo para esta unidad es **km/h.**

1

Lado: *Etim. Del latín "latus", que limita con el todo.* Cada una de las líneas o segmentos que forman un ángulo o un polígono.

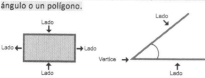

Lado adyacente a un ángulo: *Etim. de Adyacente. Del latín "adiăcens", "entis", en la proximidad de algo.* Si dos lados de un triángulo forman un ángulo interno, se considera estos dos lados como adyacentes al ángulo creado. El tercer lado se consideraría opuesto a ese ángulo.

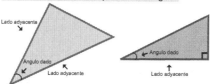

Lado inicial: *Etim. de Inicial. Del latín "initiālis", principio.* Posición inicial del rayo que forma un ángulo orientado. Véase ángulo orientado.

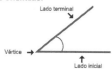

Lado opuesto a un ángulo: *Etim. de Opuesto. Del latín "opposĭtus", contrario, completamente diferente.* Lado de un triángulo que no forma parte de un ángulo interno. Véase ángulo interno.

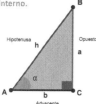

Fig. El lado BC es opuesto al ángulo α.

Lados adyacentes: *Etim. de Adyacentes. Del latín "adiăcens", "entis", proximidad de algo.* Cualquiera de los dos lados de un polígono que comparten un vértice común. Véase lados consecutivos.

Lados consecutivos: *Etim. de Consecutivos. Del latín "consecūtus", "consĕqui", ir detrás de uno.* Que tiene sus lados contiguos y comparten un mismo vértice. Véase lados adyacentes.

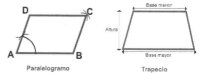

1

Lados contiguos: Véase lados adyacentes o lados consecutivos.

Lados paralelos: *Etim. de Paralelos. Del latín "parallēlos", y este del griego "παράλληλος", que no pueden encontrarse.* Dos o más líneas o planos equidistantes entre sí y que por más que se prolonguen no pueden encontrarse. Los paralelogramos tienen dos pares de lados paralelos y los trapecios un par de lados paralelos.

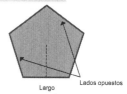

Paralelogramo   Trapecio

Lados opuestos: Son aquellos que, en una figura, no comparten el mismo vértice.

Largo   Lados opuestos

Lado terminal: *Etim. de Terminal. Del latín "terminälis", final de algo.* Posición final del rayo que forma un ángulo orientado.

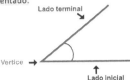

Largo: *Etim. Del latín "largus".* Que tiene una gran longitud. Junto con el ancho y la profundidad, constituye una de las tres dimensiones que componen el espacio. Compárese con ancho y profundidad. Véase longitud y distancia.

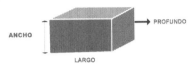

Largo de un rectángulo: *Etim. de Rectángulo. Del latín "rectangülus", que tiene águlos rectos.* Lados mayores de un rectángulo. Son dos y se miden en unidades lineales tales como metros, pies, pulgadas... Compárese con ancho de un rectángulo.

Legua: *Etim. Del celtolatino "leuga", medida variable.* La **legua** es una antigua unidad de longitud que expresa la distancia que una persona o un caballo pueden andar en una hora; es decir, es una medida itineraria (del latín, *iter*: camino, período de marcha). Equivale aproximadamente 5,6 kilómetros. Según el tipo de terreno predominante en cada país o según la conveniencia estatal, la palabra **legua** abarca distancias que van de los 4 a los 7 km.

Lenguaje algebraico: *Etim. de Lenguaje, del provenzal (Francia) "lenguatge", conjunto de signos y reglas que permite expresarse.* Lenguaje que utiliza letras en combinación con números y signos, y, además, las trata como números en operaciones y propiedades. Usualmente la expresión **lenguaje algebraico** se refiere al conjunto de números, letras y otros símbolos matemáticos que permiten representar problemas mediante sistemas de ecuaciones para poder resolverlos. Por ejemplo, "el triple de un número" se traduce por $3x$, "la suma de dos números es 35" se traduce en $x + y = 35$

Características del lenguaje algebraico

1.- El lenguaje algebraico es más preciso que el lenguaje numérico: podemos expresar enunciados de una forma más breve.

El conjunto de los múltiplos de 5 es $5 \cdot = \{\pm5, \pm10, \pm15, ...\}$.

En lenguaje algebraico se expresa $5 \cdot n$, con n un número entero.

2.- El lenguaje algebraico permite expresar relaciones y propiedades numéricas de carácter general.

La propiedad conmutativa del producto se expresa $a \cdot b = b \cdot a$, donde a y b son dos números cualesquiera.

3.- Con el lenguaje algebraico expresamos números desconocidos y realizamos operaciones aritméticas con ellos.

El doble de un número es seis se expresa $2 \cdot x = 6$. Véase expresión algebraica.

Ley de cambio: *Etim. Del latín "lex", regla constante, y del latín tardío "cambium", y este del galo "cambion", acción y efecto de cambiar.* Establece que "en un sistema de numeración posicional, una cantidad de elementos igual a la base, de un determinado orden o suborden, forman un elemento de orden o suborden inmediato superior y viceversa".

Ley de los signos para multiplicación y división: *Etim. del latín "lex", regla constante, y "signum".* La multiplicación ó división de expresiones con signos iguales dan como resultado un valor positivo y la multiplicación ó división de expresiones con signos contrarios dan como resultado un valor negativo. Es decir, si las dos cantidades tienen el mismo signo da positivo; y si tienen signos diferentes da negativo. Por ejemplo: $4 \times 4 = 16$

$-4 \times -4 = 16$
$4 \times -4 = -16$
$-4 \times 4 = -16$

En el gráfico siguiente podemos tener completa esta ley para la multiplicación y la división:

Multiplicación:	División:
(+) por (+) da (+)	(+) entre (+) da (+)
(+) por (-) da (-)	(+) entre (-) da (-)
(-) por (+) da (-)	(-) entre (+) da (-)
(-) por (-) da (+)	(-) entre (-) da (+)

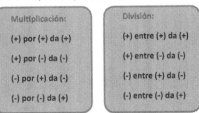

Ley de signos para suma y resta: Si las dos cantidades son positivas, se suman los valores absolutos y se mantiene el mismo signo. Ejemplos: $8 + 6 = 14$; $4 + 11 = 15$. Si las dos cantidades son negativas, se suman los valores absolutos y se mantiene el mismo signo. Ejemplos: $-12 + -5 = -17$; $-20 + -6 = -26$. Si una cantidad es positiva y la otra negativa, o es una negativa y la otra positiva, se halla la diferencia de los valores absolutos de los números. El resultado será positivo si el número positivo tiene el valor absoluto mayor; y el resultado será negativo, si el número negativo tiene el valor absoluto mayor.

Ejemplos: $13 + -6 = 7$; $19 + -11 = 8$; $-14 + 6 = -8$; $-12 + 7 = -5$; $3 + (-3) = 0$

En el gráfico siguiente podemos tener completa esta ley para la suma y la resta:

Ley de signos aplicada a la suma:

$(+) + (+) = +$

$(-) + (-) = -$

$(+) + (-) = $ El resultado tendrá el signo $(+ \text{ ó } -)$ del número que tiene mayor valor absoluto.

$(-) + (+) = $ El resultado tendrá el signo $(+ \text{ ó } -)$ del número que tiene mayor valor absoluto.

En la resta se procede de igual forma:

$(+) - (+) = +$

$(-) - (-) = -$

$(+) - (-) = $ El resultado tendrá el signo $(+ \text{ ó } -)$ del número que tiene mayor valor absoluto.

$(-) - (+) = $ El resultado tendrá el signo $(+ \text{ ó } -)$ del número que tiene mayor valor absoluto.

Las reglas de los signos se han ido aplicado en matemáticas ante la necesidad de resolver distintas cuestiones y se han impuesto poco a poco. Si buscamos en nuestra vida diaria una aplicación de la ley de los signos, podemos verla en lo siguiente: Si una persona tiene una deuda, y la asumimos como algo "negativo", y alguien la "quita" esa deuda, (la paga), en realidad la está ayudando por lo que menos por menos es más. Así mismo, una negación doble es una afirmación; por ejemplo: "No es verdad que no estuve donde mis padres", significa que sí estuve donde mis padres.

Libra: *Etim. Del latín "libra", peso.* Unidad de peso y masa usada y adoptada en los países anglosajones y sustituida en América Latina por el kilogramo. Un kilogramo es igual a 2,20462262 libras. Una libra está compuesta por 16 onzas.

Línea: *Etim. Del latín linĕa, sucesión de puntos.* Extensión continua e infinita de puntos. Las propiedades de una línea son definidas por su longitud, su orientación (dirección), su ubicación (posición) y su forma (recta o curva), determinando así varios tipos de línea: curva, quebrada, mixta, abierta, cerrada....

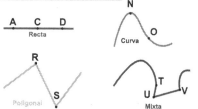

Línea abierta: *Etim. de Abierta. Del latín "apĕrtus", no cercado.* Línea donde no están unidos el primero y último segmentos. Su punto inicial no corresponde con su punto terminal por lo que es preciso retroceder para volver al punto de inicio, no se cruza o atraviesa consigo misma.

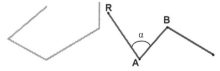

Línea cerrada: *Etim. de Cerrada. Del latín "serrare", de "serăre", asegurar para que no se abra.* Aquella en la que se puede llegar al punto de partida sin retroceder; carece de extremos. Su punto inicial y terminal es el mismo. Este tipo de línea determina el perímetro de una figura separando su interior de su exterior.

Línea curva: *Etim. de Curva. Del latín "curvus", que se aparta de la recta sin formar ángulos.* Línea que presenta formas redondeadas puede ser cerrada o abierta.

Línea horizontal: Línea que sigue la dirección del horizonte paralelo a él.

Fig. Línea horizontal paralela al horizonte.

Línea inclinada: *Etim. de Inclinada. Del latín "inclināre", inclinado.* Se le llama también línea oblicua. Línea que no es horizontal ni vertical y forma un ángulo, diferente de 90° con respecto a la línea horizontal o vertical.

Línea mixta: *Etim. de Mixta. Del latín "mixtus", que se mezclan.* Línea que está formada por líneas rectas y curvas que no se cruzan entre sí. Puede ser abierta o cerrada.

Líneas paralelas: *Etim. de Paralelas. Del latín "parallēlos", y este del griego "παρλληλος", equidistantes entre sí.* Se dice que dos o más líneas rectas o planas son paralelas porque son equidistantes entre sí y por más que se prolonguen nunca pueden encontrarse. Compárese con rectas paralelas y véase lámina didáctica rectas y planos.

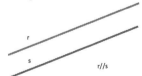

Fig. Dos líneas paralelas.

Línea poligonal: Una **línea poligonal** es la que se forma cuando unimos segmentos de recta de un plano. Puede ser poligonal abierta, si no están unidos el primero y último segmento, o poligonal cerrada si cada segmento está unido a los otros.

Línea quebrada: Es una serie de segmentos de recta unidos que no se cruzan; en el caso en que el origen del primero coincida con el extremo del último, se dice que forma un polígono cerrado. Véase línea poligonal.

Línea recta: *Etim. de Recta. Del latín "rectus", que no se inclina.* Una línea recta es una sucesión de puntos alineados en una única dirección. Se da en una sola dimensión: largo. Se representa con dos letras mayúsculas y una raya con flechas a ambos lados encima de ellas.

Recta AB

Línea vertical: *Etim. de Vertical. Del latín "verticālis", perpendicular a una recta.* Línea que es perpendicular a un plano horizontal formando un ángulo de 90 grados.

Litro: *Etim. Del francés "litre".* **Litro** es una unidad de capacidad equivalente a un decímetro cúbico. Normalmente es utilizado para medir líquidos o sólidos granulados. Se representa con la letra L o l.

Logaritmación: Logaritmo de un número X en base b es el exponente Y al que hay que elevar la base b para obtener X; en símbolos:

Log$_b$ X = Y significa que $b^y = x$

Ejemplos:

log$_7$ 49 = 2	Porque 7^2 = 49
log$_3$ 243 = 5	Porque 3^5 = 243

Logaritmo: *Etim. Del griego "λόγος", razón, y "ἀριϑμός", número.* El **logaritmo** de un número en una base determinada es el exponente al cual hay que elevar la base para obtener el número dado. Ejemplo, 2 es el logaritmo de 100 en base 10, porque si se eleva la base 10 al cuadrado, el resultado es precisamente 100.

5= Base de logaritmo

log$_5$25=2   25=Número

2= Exponente

Lógico o Lógica: *Etim. Del latín "logicus", y este del griego "λογικός", condorme a las reglas".* Que expone las leyes, modos y formas del razonamiento humano. Razonamiento que responde a principios deducidos naturalmente.

Longitud: *Etim. Del latín "longitūdo", distancia.* Trayecto o recorrido entre dos puntos que se encuentran separados por curvas o círculos. Cuando la **longitud** se toma en línea recta se denomina distancia. La unidad de medida de **longitud** en el SI es el metro (m). Existen otras unidades de medida de **longitud**: la milla, la yarda, el pie y la pulgada. Así mismo, existen unidades no convencionales como el jeme, la cuarta, el codo y la vara. Véase y compárese con distancia y largo.

Longitud entre A y B

Distancia entre C y D

Lustro: *Etim. Del latín "lustrum", cinco años.* Unidad de medida de tiempo. Un **lustro** o quinquenio es un periodo equivalente a 5 años.

Magnitud: *Etim. Del latín "magnitūdo", tamaño grande.* Es toda característica o propiedad de la materia y de los fenómenos susceptibles de ser medidos. Por ejemplo, la masa, el tiempo, el volumen, el área, la temperatura etc. Las magnitudes se miden comparando con un modelo de la misma especie que se toma como patrón. Véase cantidad.

Mandorla. *Etim. Del italiano "mandorla", almendra.* Figura elíptica o con forma de almendra, de arcos congruentes y extremos comunes. La mandorla también es conocida como "vesica piscis".

m

Manzana: *Etim. Del latín "Mattiāna" (mala), una especie de manzana.* Unidad no convencional de medida de superficie. La medida aproximada de una manzana es de 83.82 metros de lado ó una superficie cuadrada de 100 varas de lado. Equivale también a aproximadamente 10.000 varas cuadradas ó 7.025,79 m². Compárese con acre y hectárea.

Marcas de conteo: *Etim. Del latín marca, y este del germano "mark", territorio fronterizo y del latín "computāre", contar.* Líneas o rayas que se trazan en una tabla de datos y que indican el número o cantidad de elementos perteneciente a un determinado intervalo de clase o característica que se esté contando.

Tabla de frecuencias

EDAD	CONTEO	NÚMERO
30 - 35	/////////////////	20
36 - 40	/////////////////	23
41 - 45	/////////////////////	33
46 - 50	/////////////////////////	45

Más (+): *Etim. De "maes", exceso, aumento.* Signo utilizado para designar la operación de suma. Palabra utilizada para sumar. Por ejemplo, 2 "más" 2 igual a 4.

Masa: *Etim. Del latín "mass", materia de un cuerpo.* Medida de la cantidad de materia que tiene un cuerpo. La unidad de medida de la masa es el kilogramo en el **SI**, aunque también puede ser medida en libras, onzas, etc. La masa o cantidad de materia que tiene un cuerpo es la misma en cualquier lugar (no varía). Compárese con peso.

Matemática. *Etim. Del latín "mathematica", doctrina y ciencia y esta del griego "τὰ μαθηματικά", conocimiento, la única ciencia.* Ciencia que estudia las propiedades de los números y figuras así como la interacción o relación existente entre ellos.

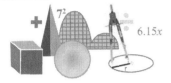

Máximo común divisor (mcd): *Etim. Del griego "meixon", muy grande, "megixon", lo mayor, del latín "commūnis", corriente, y del griego "dijazo", dividir o separar en partes.* Es el mayor número que puede dividir dos o más números. El **máximo común divisor** se selecciona dentro de los factores comunes entre estos números (se selecciona el mayor). Por ejemplo, el mcd de 12 y 18 es 6, porque los divisores de 12 son: 1, 2, 3, 4, 6, y 12, y de 18 son: 1, 2, 3, 6, 9, y 18; los factores comunes a ambos son 1, 2, 3 y 6, de ellos el mayor (máximo) es el número 6.

Mayor que (>). *Etim. Del latín "maior", "ōris", grande.* Símbolo utilizado para representar que un número es mayor que otro. El número mayor se coloca a la izquierda del símbolo **mayor que** y el menor a su derecha. Por ejemplo, siete mayor que cinco se representa así: 7 > 5. Véase menor que.

Media aritmética o Promedio ponderado: *Etim. de Aritmética. Del griego "arithmos", número, y "tejne", ciencia.* También llamada *promedio* o simplemente *media*, la **media aritmética** de un conjunto finito de números es igual a la suma de todos sus valores dividida entre el número de sumandos, es decir si $x_1, x_2, x_3, \ldots x_n$ son una serie de valores su media aritmética es:

$$\text{Media aritmética} = \frac{x_1 + x_2 + \ldots + x_n}{n}$$

Cuando el conjunto es una muestra aleatoria recibe el nombre de *media muestral* siendo uno de los principales estadísticos muestrales. Expresada de forma más intuitiva, podemos decir que la media (aritmética) es la cantidad total de la variable distribuida a partes iguales entre cada observación. Por ejemplo, si en una habitación hay tres personas, la media de dinero que tienen en sus bolsillos sería el resultado de tomar todo el dinero de los tres y dividirlo a partes iguales entre cada uno de ellos. Es decir, la media es una forma de resumir la información de una distribución (dinero en el bolsillo) suponiendo que cada observación (persona) tendría la misma cantidad de la variable. También la media aritmética puede ser denominada como centro de gravedad de una distribución, el cual no está necesariamente en la mitad. Una de las limitaciones de la media es que se ve afectada por valores extremos; valores muy altos tienden a aumentarla mientras que valores muy bajos tienden a reducirla, lo que implica que puede dejar de ser representativa de la población. Compárese con media armónica y media geométrica.

Media hora: *Etim. Del latín "medio", dividir, partir, "médium", el medio; en griego, "mesos" y del latín "hora".* Lapso que representa la mitad de una hora. Período de tiempo equivalente a 30 minutos o 1800 segundos.

Mediana: *Etim. Del latín "mediānus", del medio.* En una serie de números ordenados de menor a mayor; la **mediana** es el número localizado a la mitad de esa serie. Por ejemplo, en la serie ordenada 7, 9, 10, 13, 15, 18, 19 la **mediana** es el número 13 que es el que se localiza justo a la mitad. En el caso de que existan dos números al centro (cuando hay una cantidad par de números en la serie) se promedian dichos números. Por ejemplo, 6, 7, 8, 9, 10, 11, la mediana es 8.5 porque (8+9)/2 son los dos números localizados a la mitad de la serie.

Mediana en un triángulo: *Etim. de Triángulo. Del latín "triangŭlus", tres lados.* **Mediana** de un triángulo es la línea que parte del centro de uno de los lados del triangulo al vértice opuesto. En un triángulo existen tres medianas; dichas líneas se intersecan en un punto llamado *baricentro*. Compárese con altura, bisectriz y mediatriz.

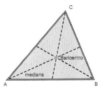

Mediatriz o Mediatriz de un segmento: En un segmento, es la recta perpendicular que cruzando exactamente por la mitad divide en dos partes iguales a dicho segmento y hace un ángulo recto. Para un triangulo, es la línea perpendicular que parte desde el centro de uno de sus lados. Un triangulo tiene tres mediatrices y que se unen en un punto llamado *circuncentro*, que es el centro de la circunferencia circunscrita a dicho triangulo. Compárese con altura, bisectriz y mediana. Véase circuncentro.

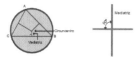

Medición: *Etim. Del latín "metīri", medir, comparar una cantidad con su unidad.* Acción que permite determinar el valor de una magnitud mediante la comparación de la misma, con una unidad patrón de la misma especie. En este proceso se hace uso de instrumentos de medición (báscula, regla, termómetro, etc.)

Medida: *Etim. De medir, del latín "metīri".* Resultado o valor obtenido después de determinar el tamaño o la cantidad de algo; tal valor es representado en unidades de medida internacionales como el metro, kilogramo, segundo, etc. Por ejemplo, la medida de ancho de mi escuela es 60 metros, el peso de mi butaca es de 25 kilogramos, etc.

Medida cuadrática: *Etim. de Cuadrática. De cuadrado.* Medida utilizada para medir superficies. La figura patrón para medir superficies es el cuadrado. Las medidas cuadráticas son representadas en unidades como el metro cuadrado, el centímetro cuadrado, las pulgadas cuadradas, el pie cuadrado, etc. Compárese con medida lineal y medida cúbica. Véase superficie y área.

Medida cúbica: *Etim. de Cúbica. Del latín "cubĭcus", y este del griego κυβικός.* Medida utilizada para medir volúmenes. El cuerpo geométrico patrón para medir volúmenes es el cubo. Las medidas cúbicas son representadas en unidades de volumen cubicas como metros cúbicos, centímetros cúbicos, pulgadas cubicas, pies cúbicos, etc. Compárese con medida lineal y medida cuadrática. Véase volumen.

Medidas de tendencia central: Son los valores típicos o representativos de un conjunto de datos, llamados también promedios; tiene la tendencia a situarse en el centro de la distribución cuando los datos están ordenados por magnitud. También se denomina medida o parámetro de tendencia central o de centralización. Los más comunes son: la media aritmética, la mediana, la media armónica y la media geométrica.

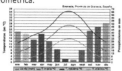

Fig. En este climogram las diferentes líneas representan a las temperaturas de todo el mes a través de su promedio.

Cuando se hace referencia únicamente a la posición de estos parámetros dentro de la distribución, independientemente de que ésta esté más o menos centrada, se habla de estas medidas como medidas de posición. En este caso se incluyen también los cuantiles entre estas medidas. Véase Media geométrica, Media armónica, Mediana y Moda.

Medida en grados: *Etim. Del latín "metīri", comparar, y de "gradus", calidad.* Sistema de medidas que se utiliza fundamentalmente para medición de ángulos y arcos de un círculo. Para medir los grados de un ángulo se utiliza con mayor frecuencia el transportador. Véase transportador.

Medida lineal: *Etim. de Lineal. Del latín "lineālis".* Medida utilizada para medir longitudes lineales (líneas), pudiendo ser líneas rectas, curvas mixtas, etc. Las unidades empleadas en estas mediciones son el metro, centímetro, pulgada, pie, etc. Compárese con medida cuadrática y medida cubica. Véase longitud y distancia.

Medios: *Etim. Del griego "mesos" y del latín "medius".* Para una proporción, los **medios** representan los términos que se encuentra a la mitad de la igualdad, que corresponden a los números del consecuente en la primera razón y al antecedente de la segunda. Por ejemplo, en la proporción aritmética $\frac{7}{15} = \frac{21}{45}$ los medios corresponden a 15 y 21; en tanto que en la proporción geométrica 12 ÷ 4= 45 ÷ 15 los medios son los números 4 y 45. Compárese con extremos.

Medir: *Etim. Del latín "metīri", comparar una cantidad con su unidad.* Comparar una magnitud con un patrón elegido, para saber cuántas veces el segundo queda contenido en la primera. El proceso de medición arroja como resultado un número o cantidad, acompañado de su respectiva unidad. Por ejemplo, el tablero mide 2.5 m de largo por 1.3 m de alto.

Menor que (<): *Etim. Del latín "minor", menor, "minuo", disminuir; en griego "mion", menos, "minuos", pequeño.* Símbolo utilizado para representar que un número es menor que otro. El número menor se coloca a la izquierda del símbolo **menor que** y el mayor a su derecha. Por ejemplo, cuatro **menor que** ocho se representa así: 4 < 8. Véase mayor que.

Menos (-): *Etim. Del latín "minus", pequeño, menos.* Signo utilizado para designar la resta o sustracción. Palabra utilizada para restar. Por ejemplo, 5 "menos" 2 igual a 3. También es utilizado para denotar que un número es negativo anteponiendo el signo menos al número o que una temperatura está por debajo de cero. Por ejemplo,

m

menos ocho se escribe -8, una temperatura de menos 3 grados centígrados se escribe -3° C.

Mes: *Etim. Del latín "mensis"*. Una de las doce partes en que se divide un año. El periodo de tiempo que dura un mes puede variar entre 28, 29, 30 y 31 días dependiendo del mes y el año que se consideren. Así tenemos que febrero tiene 28 días excepto el año bisiesto donde tiene 29 días; en tanto que abril, junio, septiembre y noviembre tienen 30 días; y los meses de enero, marzo, mayo, agosto, octubre y diciembre tienen 31 días.

Método: *Etim. Del latín "methŏdus", y este del griego "μέθοδος", camino, guía.* Serie de pasos ordenados y estructurados que permiten la realización de una tarea en forma satisfactoria, como la serie de pasos para la solución de un problema matemático, los pasos a seguir para realizar una carta, los pasos a seguir para realizar un escrito, etc.

Metro: El **metro** es un patrón de longitud del Sistema Internacional de Unidades. La definición dada por la Oficina Internacional de Pesos y Medidas es la siguiente: Un **metro** es la distancia que recorre la luz en el vacío durante un intervalo de 1/ 299.792.458 de segundo.

Múltiplos	Submúltiplos
10^{24} m = yottametro	10^{-1} m = decímetro
10^{21} m = zettametro	10^{-2} m = centímetro
10^{18} m = exámetro	10^{-3} m = milímetro
10^{15} m = petámetro	10^{-6} m = micrómetro
10^{12} m = terámetro	10^{-9} m = nanómetro
10^{9} m = gigámetro	10^{-10} m = ångström
10^{6} m = megámetro	10^{-12} m = picómetro
10^{4} m = miriámetro	10^{-15} m = femtómetro
10^{3} m = kilómetro	10^{-18} m = attómetro
10^{2} m = hectómetro	10^{-21} m = zeptómetro
10^{1} m = decámetro	10^{-24} m = yoctómetro

Metro cuadrado (m^2). *Etim. Del griego "μέτρον," medida y del latín "quadrātus".* Área que cubre un cuadrado de un metro por lado. Unidad de medida de superficies del SI. Dependiendo de la superficie que se desee medir pueden ser utilizados múltiplos o submúltiplos del metro cuadrado como el decámetro cuadrado equivalente a 100 m^2, el kilometro cuadrado equivalente a 1000000 m^2, el centímetro cuadrado equivalente a 0.0001 m^2, el milímetro cuadrado equivalente a 0.000001 m^2, etc.

Metro cúbico (m^3): *Etim. de Cúbico. Del latín "cubĭcus", y este del griego "κυβικός".* Volumen que cubre un cubo de un metro por arista. Unidad de medida de volúmenes del SI. Dependiendo del volumen que se desee medir pueden ser utilizados múltiplos o submúltiplos del **metro cúbico** como el decámetro cúbico equivalente a 1000 m^3, el hectómetro cúbico equivalente a 1000000 m^3, el decímetro cúbico equivalente a 0.001 m^3 el centímetro cúbico equivalente a 0.000001 m^3, etc.

Metro lineal: *Etim de Lineal. Del latín "lineālis".* Longitud que cubre una línea de un metro de largo.

1 m

Metro por segundo (m/s): *Etim. de Segundo. Del latín "secundus".* Unidad derivada de SI utilizada como medida de la velocidad. Representa la distancia recorrida por un móvil medida en metros dividida por el tiempo que tarda en recorrerlo medido en segundos.

Milenio: Período o lapso equivalente a 1000 años.

Milésima: *Etim. Del latín "millesĭmus".* Representa una parte de mil partes iguales en que se ha dividido una unidad. También corresponde al dígito que ocupa la tercera posición o tercer suborden a la derecha del punto decimal en el sistema de numeración decimal. Representa 1/1000 elementos. Por ejemplo, en el número 1.076, el número 6 ocupa la tercera posición a la derecha del punto decimal perteneciente a las milésimas e indica que se tiene 6 milésimas partes de la unidad.

Miligramo (mg): *Etim. De "mili" y "gramo".* Unidad de medida de masa, submúltiplo del **gramo** (g); equivale a la milésima parte de un gramo (un gramo es equivale a 1000 miligramos). Es utilizada principalmente por laboratorios por ser una unidad de medida muy pequeña. Véase tablas de unidades de medida y equivalencia.

Mililitro (ml). *Etim. De "mili" y "litro".* Unidad de medida de capacidad, submúltiplo del litro (l); equivale a la milésima parte de un litro, es decir un litro equivale a 1000 mililitros. Es usado para medir pequeñas cantidades de líquido. Véanse láminas didácticas unidades de medida y de conversiones y equivalencias.

Milímetro (mm). *Etim. De "mili" y "metro".* Unidad de medida de longitud, submúltiplo del metro (m), que corresponde a la milésima parte de éste (un metro es equivalente a 1000 milímetros). Es usado para medir distancias ó longitudes pequeñas. Véase lámina didáctica d de unidades de medida y equivalencia.

Milímetro cuadrado (mm²): *Etim. De "mili", metro y del latín "quadrātus".* Unidad de medida de superficie, submúltiplo del metro cuadrado (m²), equivalente a una millonésima parte de éste. Corresponde al área de un cuadrado cuyos lados miden un mm. Es utilizado para medir pequeñas áreas. Véanse láminas didácticas unidades de medida y de conversiones y equivalencias.

Fig. Cada arista del cuadrado mide un milímetro de longitud.

Milímetro cúbico (mm³): *Etim. De "mili", "metro" y del latín "cubĭcus", y este del griego "κυβικός".* Unidad de volumen, submúltiplo del metro cúbico (m³). Corresponde al volumen que ocupa un cubo que mide un milímetro por lado. Es equivalente a la mil millonésima parte de un metro cúbico. Véanse láminas didácticas unidades de medida y de conversiones y equivalencias.

Milla (mi): *Etim. Del latín "milĭa", "mille".* Unidad de longitud del Sistema Inglés, equivalente a 1609.344 metros, o 1.6 km aprox. En el sistema Inglés una milla equivale a 63360 pulgadas, 5280 pies y 1760 yardas.

1 milla

1.6 km

Milla cuadrada (mi²). Unidad de medida de superficie perteneciente al Sistema Inglés. Representa el área que cubre un cuadrado de una milla por lado; en el SI equivalente a 1609 metros por lado aprox. Una **milla cuadrada** equivale aprox. a 2 590 000 metros cuadrados.

Milla cúbica (mi³): Unidad de medida de volumen perteneciente al Sistema Inglés. Representa el volumen que cubre un cubo de una milla por arista; en el SI una milla equivale a 1609 metros por lado aprox. Una **milla cúbica** equivale aprox. a 4 168 104 126 metros cúbicos.

Millar: *Etim. Del latín "milliāre".* Representa la agrupación de 1000 elementos, que propiamente dicho se refiere a 1000 unidades, o su equivalente de 100 decenas o 10 centenas. Por ejemplo, un millar de hojas de papel, un millar de canicas, un millar de lápices, etc.

Millón. *Etim. Del francés "million", o del italiano "milione".* Representa la agrupación de 1000000 elementos, que propiamente dicho se refiere a 1000000 unidades, o su equivalente de 1000 millares, 10000 centenas. Por ejemplo, un millón de discos vendidos, un millón de personas, un millón de pesos, etc.

Millonésima. Representa una parte de un millón de partes iguales en que se ha dividido una unidad. También corresponde al dígito que ocupa la sexta posición o sexto suborden a la derecha del punto decimal en el sistema de numeración decimal. Una millonésima se representa 0.000001. Por ejemplo, en el numero 1.356078, el número 8 ocupa la sexta posición a la derecha del punto decimal pertenece a las millonésimas e indica que se tiene 0.000008 elementos u 8 grupos de 0.000001 elementos.

Mínima expresión: *Etim. Del latín "minĭmus" y de "expressĭo", "ōnis".* Reducir o simplificar una fracción, hasta que ya no puedan ser divididos sus dos términos (numerador y denominador), por un mismo número, es decir hasta obtener una fracción canónica. Véase fracción canónica.

Mínimo Común Múltiplo (MCM).: *Etim. Del latín "minimus", "communis" y "multiplus".* Es el número más pequeño, diferente de cero, que es múltiplo de dos o más números. Encontramos el MCM cuando tienes dos (o más) números, y miras entre sus múltiplos y encuentras el mismo valor en las dos listas; esos son los múltiplos comunes a los dos números. Por ejemplo, si escribes los múltiplos de dos números diferentes (digamos 4 y 5) los

múltiplos comunes son los que están en las dos listas:
Los múltiplos de 4 son 4,8,12,16,20,24,28,32,36,40,44,...
Los múltiplos de 5 son 5,10,15,20,25,30,35,40,45,50,...
¿Ves que 20 y 40 aparecen en las dos listas? Entonces, los múltiplos comunes de 4 y 5 son: 20, 40 (y 60, 80, etc. también).
El MCM es el más pequeño de los múltiplos comunes. En el ejemplo anterior, el menor de los múltiplos comunes es 20, así que el mínimo común múltiplo de 4 y 5 es 20. También podemos sacar el Mínimo Común Múltiplo (MCM) de una forma más sencilla usando la factorización. Véase Múltiplo y Factorización.

Minuto (min) ('). *Etim. Del latín "minūtus", pequeño.*
Unidad de tiempo que corresponde a una sexagésima parte de una hora. Un minuto es equivalente a 60 segundos.

Mitad: *Etim. Del latín "meitad".* Cada una de las dos partes iguales en que se divide un todo. Punto central que equidista de los dos extremos.

Moda: *Etim. Del francés "mode".* La moda es el número que se encuentra más repetido, en un conjunto de datos. Por ejemplo, el número de personas en distintos vehículos en una carretera: 5-7-4-6-9-5-6-1-5-3-7. El número que más se repite es 5, entonces la moda es 5. También es el dato más repetido; el valor de la variable con mayor frecuencia absoluta.

Muestra: *Etim. Del latín "monstrāre", poner a la vista.*
En estadística, parte o porción representativa de una población (todo) que se examina para determinar características o propiedades de la población. Una muestra no debe ser igual o mayor que la población. Por ejemplo, de 40 alumnos de un salón (población), se puede entrevistar a 15 (muestra) para conocer cuál es su materia favorita y cuál no lo es; los resultados obtenidos se pueden transferir a toda la población.

Muestreo. Técnica estadística que permite la recolección o reunión de datos representativos de una población para su estudio.

Muestra aleatoria: *Etim. Del latín "monstrāre", poner a la vista, y de "aleatorĭus", propio del juego de dados.* Es una muestra sacada de una población de unidades, de manera que todo elemento de la población tenga la misma probabilidad de ser seleccionado y que las unidades diferentes se eligen independientemente.

Multiplicación: *Etim. Del latín "multus", mucho, y "plico", "as", "are", plegar, doblar; es decir, la operación de doblar o repetir varias veces una cosa.* Operación matemática que permite encontrar el resultado de sumar un mismo número cierta cantidad de veces de forma rápida. Por ejemplo, 7 x 3 = 21, es lo mismo que sumar tres veces siete (7+7+7 = 21). Los términos o partes de la multiplicación son: el multiplicando (número que se suma), multiplicador (número que indica cuantas veces se debe sumar) ambos conocidos como factores y producto o resultado.

Multiplicación abreviada: *Etim. de Abreviada. Del latín "abbreviāre", acortar, reducir.* Tipo de multiplicación donde uno de los factores está formado por un 1 seguido de ceros. Se le llama **multiplicación abreviada** porque solo basta agregar ceros o recorrer el punto decimal a la derecha tantos lugares como ceros existan. Por ejemplo, para multiplicar 123 x 100 solo se le agregan dos ceros a 123, entonces tenemos que 123 x 100 =12300; para 1000x13 agregamos tres ceros a 13; 13x1000 = 13000 (el orden de los factores no altera el producto); en el caso de números decimales tenemos: 12.25 x 1000, solo bastará recorrer el punto decimal a la derecha tres lugares por los tres ceros de 1000, entonces tenemos 12.25x1000=12250 (el lugar (es) que falte por recorrer los llenamos con ceros).

Multiplicación de decimales: Para multiplicar dos números decimales, se realiza la multiplicación de ambos como si fueran números naturales. Luego se coloca la coma en el resultado, separando tantas cifras como decimales tengan en conjunto los dos factores. Ejemplo:

$$
\begin{array}{r}
23,48 \ \times \ 1,2 = \\
23,48 \leftarrow 2 \text{ decimales} \\
\times \ 1,2 \leftarrow 1 \text{ decimales} \\
\hline
4696 \\
2348 \qquad \downarrow \\
\hline
28,176 \leftarrow 3 \text{ decimales}
\end{array}
$$

Multiplicación sucesiva: *Etim. de Sucesiva. Del latín "successīvus", que sigue a otra.* Multiplicación de un número consigo mismo cierto número o cantidad de veces. Por ejemplo, 3 x 3 x 3 x 3 = 81. Semejante a la potenciación, en la que el exponente indica el número de veces que debe multiplicarse un número (base), para tal efecto el exponente debe ser un número entero positivo. Por ejemplo, $3^4 = 3 \times 3 \times 3 \times 3 = 81$; $2^3 = 2 \times 2 \times 2 = 8$. Véase potenciación.

Multiplicación de fracciones: *Etim. de Fracciones. Del latín "fractio", "ōnis", división de algo en partes.* Para multiplicar dos o más fracciones, se multiplican "en línea". Esto es, el numerador por el numerador y el denominador por el denominador.

Ejemplo: $\dfrac{3}{2} \times \dfrac{7}{4} = \dfrac{3\times7}{2\times4} = \dfrac{21}{8}$

Multiplicador: *Etim. Del latín "multiplicātor", "ōris", que multiplica.* Segundo término de la multiplicación. Indica la cantidad de veces que debe sumarse el multiplicando. Por ejemplo, en la multiplicación 6 x 3 = 18, el multiplicador 3 indica el número de veces que el multiplicando 6 debe sumarse, así tenemos que 6+6+6 =18. Véase multiplicación.

$$\overset{\text{Multiplicador}}{\underset{\underset{\text{Multiplicando}}{\quad}\quad\underset{\text{Producto}}{\quad}}{6 \ \times \ 3 \ = \ 18}}$$

Multiplicando: *Etim. Del latín "multiplicātor", "ōris", que multiplica.* Primer término de la multiplicación. Representa el número que tiene que sumarse tantas veces como lo indique el multiplicador. Por ejemplo, en la multiplicación 4 x 5 = 20, el 4 es el número que se va a sumar 5 veces como lo indica el multiplicador, así tenemos que 4 + 4 + 4 + 4 + 4=20. Véase multiplicación.

Múltiplo: Número que al ser dividido por otro no tiene residuo, es decir lo contiene en una cantidad exacta. Para obtener los **múltiplos** de un número basta multiplicarlo por 1,2,3,4,5,6,...etc. Por ejemplo, el número 12 es múltiplo de 4 porque lo contiene exactamente 3 veces (12 ÷ 4 =3), o lo que es lo mismo, para obtener un **múltiplo** de 4 lo multiplicamos por 3, lo que resulta 12. Para poder saber si un número es **múltiplo** de otro basta con dividirlo y tal división debe ser exacta (sin residuo). Por ejemplo, 15 no es **múltiplo** de 4 ya que 15 ÷ 4 es 3.75 en cambio si es **múltiplo** de 3 ya que 15 ÷ 3 es 5. Véase Mínimo Común Múltiplo

Múltiplo de una unidad de medida: *Etim. de Unidad de Medida. Del latín "unītas", "ātis", singularidad, y "metior", "metīris", y del griego "metreo", medir, comparar* Representa la cantidad que es mayor en 10, 100, 100 etc. veces una unidad básica; estos múltiplos se designan mediante prefijos que determinan su valor (deca, hecto, kilo, que indican 10 , 100 y 1000 veces mayor la unidad básica respectivamente). Por ejemplo, hectómetro que indica 100 veces la unidad metro (100 m), kilogramo que indica 1000 veces la unidad gramo (1000 g).

PREFIJOS	NÚMERO DE UNIDADES
Kilo	1000
Hecto	100
Deca	10

Múltiplo común: *Etim. de Común. Del latín "commūnis", de varios.* Múltiplo (número) que es común a dos o más números. Por ejemplo, 36 que es múltiplo de 2, 3, 4 y 6 es decir es común o el mismo para todos ellos. Ya que : 2 x 18 = 36; 3 x 12 = 36; 4 x 9 = 36 y 6 x 6 = 36.

Múltiplos de un número: *Etim. de Número. Del latín "numĕrus".* Son los números naturales que se obtienen de la multiplicación de éste por otros números naturales. Se especifican colocando M ( ), y dentro de los paréntesis el número del cual se encontraron los múltiplos; generalmente se deben colocar en orden. Ejemplo:

M (8) = {8, 16, 24, 32, 40, 48, 54.....}

M (12) = {12, 24, 36, 48, 60, 72, 84.........}

N: La letra mayúscula (N) se emplea para designar el conjunto de los números naturales. Por ejemplo se tiene que: N= {0,1, 2, 3, 4, 5...}. También se utiliza en un número indeterminado, por ejemplo, 5ⁿ.

Newton: Su símbolo (N). Unidad de fuerza del sistema internacional de medida. Se define como la fuerza que al aplicarla a un cuerpo de un kilogramo de masa le imprime una aceleración de $1m/s^2$.

No paralelogramo: *Etim. Del latín "non", negación y de "parallelogrammus", y este del griego "παραλληλόγραμμος", cuadrilátero con lados opuestos paralelos entre sí.* Lo contrario al paralelogramo. Cuando sus lados no son paralelos, no tienen una misma longitud y sus ángulos son diferentes. Por ejemplo, algunos polígonos equiláteros, como lo son el trapecio escaleno y el trapezoide.

Nombre de un número: *Etim. Del latín "nomen", "īnis", que identifica, y "numĕrus", expresión de una cantidad.* Es la formaescritaodepalabraconlaquesedenominaunnúmero. Por ejemplo, el número 5= cinco, 5, V, 2+3= 5, 11-6=5.

Nonágono: *Etim. Del latín "nonus", noveno, y "gono".* Polígono de 9 lados. Figura plana regular o irregular, también conocida como eneágono.

Nonágono regular

Nonágono irregular

Notación: *Etim. Del latín "notatĭo", "ōnis".* Conjunto de signos gráficos que componen un sistema de escritura particular que nos sirve para representar una situación matemática; situaciones matemáticas como lo pueden ser un número, una expresión, una operación etc. Por ejemplo, la expresión "mayor o igual que", su **notación** es el símbolo: ≥

Notación decimal: *Etim. de Decimal. Del latín "decimal", derivado de "decem".* Se refiere a la expresión de números fraccionarios en forma decimal. El valor decimal de un número fraccionario lo obtenemos de la división del numerador entre el denominador. Por ejemplo:

$$\frac{6}{9} = 0.666...$$

Notación desarrollada: Es la expresión ordenada de una cifra según los valores posicionales de esta. La suma de esos valores es igual al número dado. La **notación desarrollada** la podemos expresar de dos formas: con los valores de cada número y ordenando los números según la posición que ocupe en la cifra. Por ejemplo:

Número	Lectura	Notación desarrollada
34	Treinta y cuatro	30 + 4

Número	Notación desarrollada	Resultado
236	2 centenas + 3 decenas + 6 unidades	236

Notación expandida: *Etim. de Expandida. Del latín "expandĕre", extender, dilatar.* Conocida también como notación desarrollada. En términos simples, es exponer la cantidad por las partes que la forman, ya sea por unidades, decenas, centenas, etc.; 4 decenas + 5 unidades= 45 ó por la cifras en si 40+5= 45. Véase notación desarrollada.

Notación exponencial: *Etim. de Exponencial. Del latín "exponere", exponer, poner de manifiesto, señalar, indicar.* Representación de la potenciación de un número con exponente mayor a 1, en la forma $b^n = a$, donde **b** representa la base, **n** el exponente y **a** la potencia. Por ejemplo, el número entero 3 está elevado a la 5 potencia, su presentación en notación exponencial es: $3^5= (3x3x3x3x3)= 243$

Notación fraccionaria: *Etim. de Fraccionaria. Del latín "fractĭo", "ōnis", división.* Es la representación de una fracción o de un número decimal en la forma **a/b**, donde **a** es el numerador y **b** el denominador. Por ejemplo, $0.25 = 1/4$

Notación logarítmica: *Etim. de Logarítmica. Del griego "λόγος", razón, y "ἀριθμός", número, relación entre números.* Es la notación de la forma $\log_b X = Y$, para indicar que Y es el exponente al que hay que elevar la base *b* para obtener X; cuando no se indica la base como *logx* = y , se sobreentiende que la base es diez ; cuando se usa la notación: *ln x = y* , la base es el número irracional e = 2.718281828... y reciben el nombre de logaritmos naturales. Por ejemplo, la **notación logarítmica** $\log_2 64=5$, significa que $2_5=64$.

$$5^4 = 625 \qquad \log_5 625 = 4$$

Nulo: *Etim. Del latín "nullus", falto de valor y fuerza.* Se le llama así, al conjunto sin elementos denominados también como conjunto vacío. Lo podemos definir con símbolos ∅ o también { }. El cardinal del conjunto vacío es el número cero.

Numeración: *Etim. Del latín "numeratĭo", "ōnis", numerar.* Parte de la aritmética que hace referencia a las reglas y convenios que permiten expresar de palabra o por escrito todos los números con una cantidad limitada de vocablos y caracteres o guarismos. Algunos de los sistemas de numeración que conocemos son, el egipcio, romano, maya, arábigo, el decimal, etc.

Numerador: *Etim. Del latín "numerātor", "ōris", el que cuenta, porque el numerador numera las partes que constituyen la fracción.* Al expresar un número fraccionario, el numerador es el número que se coloca por encima de la raya e indica la cantidad de fracciones que se toman de la unidad. Véase fracción.

$$\frac{2}{3} = 2 \div 3$$

Numerador

Dividendo

Numeral: *Etim. Del latín "numerālis", número.* Expresión de un símbolo o símbolos que se emplean para representar números. Por ejemplo, en el número 7 se puede representar como ••• 7, VII, IIIIIII. Véase nombre de un número.

Número: *Etim. Del latín "numerus".* Signo o conjunto de signos con que se expresa una cierta cantidad.

Número binario: *Etim. de Binario. Del latín "binariŭs", compuesto de dos elementos.* Este sistema numérico solo utiliza la combinación de dos dígitos, el 0 y el 1. Por ejemplo, 0 es igual a 0, 1 = 1, 2 = 10, 3= 11, se realizan combinaciones hasta concluir en la cantidad deseada. Véase sistema de numeración binario.

Número cardinal: *Etim. de Cardinal. Del latín "cardinālis", principal, fundamental.* Número que representa la cantidad de elementos que tienen una serie de conjuntos. El **número cardinal** es la propiedad común que aparece en estos casos. Por ejemplo, en los siguientes conjuntos la propiedad común es el número de elementos representados con el número 5, ya que en cada conjunto existen 5 elementos.

Número compuesto: *Etim. de Compuesto. Del latín "componĕre", formar de varias cosas una.* Se le llama así al número que se puede dividir entre diferentes números, siendo estos sus divisores y su residuo cero. Por ejemplo, el 12 es un número compuesto pues tiene 5 divisores el 1, 2, 3, 4 y 6.

Número decimal: *Etim. de Decimal. Del latín "decimal", derivado de "decem".* Es una forma de representar fracciones. Los números decimales los obtenemos de la división del numerador sobre el denominador, son los números que se encuentran pasando el punto decimal a la derecha en el resultado de la división. Cuando se tiene una fracción simple que consta solo del numerador y del denominar se realiza una simple división. Cuando nos encontramos con un número mixto, se multiplica el denominador por el entero y se le suma el numerador y se divide por el denominador. La parte decimal son los números inmediatos al punto. Por ejemplo, $2\frac{1}{2}$ = 2.5; en este caso la parte decimal es el 5, en la fracción $\frac{1}{4}$ = 0.25, la parte decimal es el 25.

Número denominado: Se llama así, a veces, a un número que se emplea junto con una unidad de medida, como por ejemplo, 9 m, 6 pulg, 5 gal, 12 L, 18 cm, 50 mm.

Números egipcios: *Etim. de Egipcios. Del latín "Aegyptïus", natural de Egipto.* Es un sistema de numeración con base 10. Su representación es jeroglífica, los dibujos representan cantidades tales como 1, 10, 100, 1000, 10 000, 1 00 000, 1 000 000. Para escribir un numero se repiten los dibujos que sean necesarios indistintamente a la izquierda o la derecha y para escribir cantidades se escriben de arriba hacia abajo. Por ejemplo, 4622.

1	10	100	1.000	10.000	100.000	1 millón o infinito
I	∩	?	?	?	?	?
Trazo vertical (bastoncito)	asa o herradura invertida	cuerda enrollada (espiral)	Flor de loto con tallo	Dedo	Renacuajo o rana	Hombre arrodillado con las manos levantadas

Véase lamina didáctica sistema de numeración maya, romana y egipcia.

Números enteros: *Etim. de Enteros. Del latín "intĕgrum, "intĕger", completo.* Se refiere al conjunto formado por los enteros positivos el cero y los enteros negativos. Su símbolo es la letra Z.

$$Z = [-\infty \; -4, -3, -2, -1, 0, 1, 2, 3, 4, \infty]$$

Número fraccionario: *Etim. de Fraccionario. Del latín "fractĭo", "ōnis", división.* **Número fraccionario** es el que sirve para contar partes o fragmentos iguales en que se ha dividido la unidad. Se escribe utilizando dos números naturales, llamados numerador y denominador, separados por una raya horizontal u oblicua. El numerador indica las partes que contamos; el denominador indica el nombre de las partes iguales en que se divide la unidad. Por ejemplo, 5/8, que se lee cinco octavos, significa que la unidad fue dividida en 8 partes y se tomaron 5.

$$\frac{5}{8}$$

Número impar: *Etim. de Impar. Del latín "impar", "āris".* Es todo número natural que al ser dividido entre 2, no da como resultado un número entero. Esto quiere decir que no es divisible entre 2. Los **números impares** aumentan de dos en dos comenzando en el número 1, por lo tanto, estos números son [1, 3, 5, 7, 9,...} y son infinitos.

Número indo-arábigo: Con sus variaciones, es el basado en los símbolos utilizados por los indios y los árabes. Se refiere a los dígitos que conocemos como 1, 2, 3, 4, 5, 6, 7, 8, 9, 0.

Número irracional: *Etim. de Irracional. Del latín "irrationālis", que carece de razón.* Es un número que no se puede representar de la forma p/q, siendo p y q números enteros y q diferente de cero. Los irracionales están formados por una parte entera y un decimal infinito no periódico. Por ejemplo, el valor de pi (π) es un número irracional ya que tiene decimales infinitos no periódicos, es decir, no tiene fin 3.141592653589793238 4626433832795 (y más...)

Número mixto: *Etim. de Mixto. Del latín "mixtus", que se mezcla.* Número compuesto por un número entero más una fracción. Se puede expresar como una fracción impropia si multiplicamos la parte entera por el denominador y sumamos el numerador, conservando el mismo denominador.

$$7\ \frac{1}{36}$$

Para convertirla en impropia multiplicamos 7 x 36 + 1 = 253, conservamos el mismo denominador: 253/36 (fracción impropia).

También podemos decir que **Número mixto** es el número formado por un entero y una fracción. **Ejemplo:** 1 ¼. A veces conviene expresar los números mixtos como fracciones. Ejemplo:

$$1\ \frac{1}{4}\ =\ \frac{5}{4}$$

Número maya: Basado en un sistema de numeración con base 20, apoyado auxiliarmente por el 5. Son símbolos utilizados por los mayas; sus valores son los siguientes:

Posteriormente a las cantidades representadas, el número 20 equivale a cuatro líneas horizontales. Véase lamina didáctica sistema de numeración maya, romana y egipcia.

Número natural: Número que nos sirve para contar; es un número positivo que no tiene parte decimal. Por ejemplo:

N= { 1, 2,3, 4, 5, ... }

Número negativo: *Etim. de Negativo. Del latín "negatīvus", negación o contradicción.* Es todo número menor que cero que va precedido por el signo negativo (-). Para todo **número negativo** existe su correspondiente valor positivo. Al comparar el orden de estos números, es **menor** el que tiene mayor valor absoluto. En la recta numérica son los números que se encuentran a la izquierda del cero. Por ejemplo, número negativo -5, -4, -3, -2, -1, 0, de entre estos números el menor es el -5.

Negativo   Cero   Positivo

-5 -4 -3 -2 -1 0 1 2 3 4 5

Número ordinal: *Etim. de Ordinal. Del latín "ordinālis", orden.* Número empleado para la ordenación o numeración de elementos en un conjunto, siendo este 1° (primero), 2° (segundo), 3° (tercero), etc. Véase número cardinal.

Número par: *Etim. de Par. Del latín "par", "paris", igual, semejante.* Es todo número natural divisible entre dos. Su forma es (2n), siendo n el número natural. Así son pares los siguientes números 2, 4, 6, 8, 10, etc.

Número pi: *Etim. de Pi. Del griego "πῖ".* Número irracional que representa a la razón de la longitud de la circunferencia con la del diámetro. Siendo este cociente constante, se representa por la letra griega (π) y su valor aproximado es 3.14159... Véase Pi.

Número positivo: *Etim. de Positivo. Del latín "positīvus", cierto, efectivo.* Son los números mayores que cero; en algunas ocasiones lo acompañamos del signo (+); en la recta numérica los números positivos son aquellos que encontramos a la derecha.

-5 -4 -3 -2 -1 0 1 2 3 4 5

Número primo: Número natural que solo es divisible entre sí mismo y la unidad, excluyendo de estos al 1. El único número par y primo es el 2. Los siguientes números son **números primos.** 1; 2; 3; 5; 7; 11; 13; 17; 19; 23; 29; 31; 37; 41; 43; 47; 53; 59; 61; 67; 71; 73; 79; 83; 89; 97, etc.

Número racional: *Etim. de Racional. Del latín "rationālis", razón.* Número que se puede escribir de la forma p/q, donde p y q son números enteros y q diferente de cero. Así tenemos que los números fraccionarios son números racionales. El caso particular en que q sea igual a 1 implica que un número entero es también a la vez un número racional. Son ejemplos de números racionales: $\frac{2}{5}$, $\frac{-8}{13}$, 0, $\frac{25}{8}$, -3, etc.

Número real: Cualquier número racional o irracional es un número real. Por ejemplo: $\frac{3}{5}$, -5, 0, π, 7.25, etc.

Número romano: *Etim. de Romano. Del latín "romānus", de Roma.* Número que para ser representado, se utilizan las letras I, V, X, L, C, D y M, todas estas con una valor específico; se utilizan para escribir cifras. Por ejemplo, **para escribir la cantidad 258 = CCLVIII.** Véase lámina didáctica sistema de numeración maya, romana y egipcia".

Letras	I	V	X	L	C	D	M
Valores	1	5	10	50	100	500	1.000

O

Oblicuo (a): *Etim. Del latín "obliquus", sesgado, inclinado.* Que está en una posición media entre la vertical y la horizontal. Se aplica a la línea o el plano que no forma ángulo recto con relación a otro. Véase rectas oblicuas.

Obtusángulo: Es aquel en que la medida de uno de sus ángulos es mayor de 90°. En la figura el ángulo **PQR** mide más de 90°, por lo tanto es un ángulo obtuso.

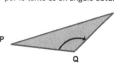

Octaedro: *Etim. Del latín "octaĕdros", y este del griego "ὀκτάεδρος", de ocho caras.* Es un poliedro formado por 8 caras. Si el octaedro está formado por 8 triángulos equiláteros iguales se denomina octaedro regular.

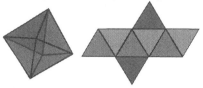

Octágono: *Etim. Del latín "octagōnos", y este del griego "ὀκτάγωνος", ocho ángulos.* Es una figura plana o polígono con ocho lados y ocho vértices. Se le conoce también como octógono. Pueden ser regulares o irregulares.

Octágono irregular   Octágono regular

Onza: *Etim. Del latín "uncia".* Medida de peso empleada por el sistema inglés, equivalente a 28.7 gramos; dieciséis onzas corresponden a una libra.

Operación: *Etim. Del latín "operatĭo", "ōnis", ejecución de algo.* Es el conjunto de reglas que posibilitan, a partir de una o varias cantidades o expresiones (conocidas como datos), obtener otras cantidades o expresiones (que se denominan resultados). Ejemplo: suma, resta, multiplicación...

Operación algebraica: *Etim. de Algebraica. De álgebra. Del árabe "al-djaber".* Es la operación que se realiza entre términos algebraicos, resultando así una combinación de letras, números y signos matemáticos en una misma expresión algebraica. Ejemplo:

$$2x + b + m;\ x^2 - 4xy + 3y^2$$

Operación aritmética: *Etim. de Aritmética. Del griego "arithmos", número, y "tejne", ciencia.* Operación que contiene solamente números. Ejemplo:

$$23 + 20 = 43;\quad 35 \times 2 = 70;\quad 12 - 4 = 8$$

Operación binaria: *Etim. de Binaria. Del Latín "binarius", derivada de "bis"; lo que consta de dos partes.* Operación mediante la cual al operar dos números se obtiene un tercero. Es binaria pues no permite más de dos números en una misma operación. Ejemplo:

$$3 + 2 = 5;\quad 4 \times 8 = 32$$

Operación de número con signo: *Etim. de Número con signo. Del latín "numĕrus" y "signum".* Operación que se realiza aplicando las leyes de los signos. Por ejemplo, al multiplicar un número por 1 (la unidad), se obtiene el mismo número; por lo que se puede escribir lo siguiente:

$$(-2)(1) = -2$$

Se puede observar que para multiplicar no se usa el signo "x", con ello se evita confundirse con una "equis". Así, para indicar un producto, se usará un punto o un paréntesis entre las cantidades. Un número con signo negativo multiplicado por un número con signo positivo da como resultado un número con signo negativo (-).

$$(-)(+) = (-).$$

Las operaciones de números con signo que se pueden realizar son: Sumar dos números positivos; sumar dos números negativos; sumar un número positivo y otro negativo; sustracción de números con signo; multiplicación de números con signo; división de números con signo y potencia de números con signo.

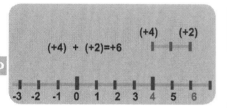

(+4) + (+2)=+6

Fig: En esta recta numérica se representan la suma de dos números positivos.

Operación combinada: *Etim. de Combinada. Del latín "combināre", reunir, aparear.* Es aquella en la que se incluyen varias operaciones aritméticas para resolver. Para indicar el orden operativo se hace uso de los signos de agrupación. Se deben seguir los siguientes pasos para resolver una operación combinada: 1º. Efectuar las operaciones entre paréntesis, corchetes y llaves. 2º. Calcular las potencias y raíces. 3º. Efectuar los productos y cocientes. 4º. Realizar las sumas y restas. Ejemplo:

$$80-\{ 40 - (8-4)(3+2) + 4^2/8 \}=80- \{ 40- 2x5+16/8 \}=80-\{ 40-10 +2\}$$

$$= 80 -32=48$$

Operación directa o de composición: *Etim. de Directa. Del latín "directus", "dirigĕre", dirigir.* Operación que se da entre dos números donde se conocen los operados y se busca, mediante la operación, determinar el resultado. Ejemplo: suma y multiplicación.

$12 + 8 = ?$ Es una operación directa pues ? es igual a 20.

Operación inversa o de descomposición: *Etim. de Inversa. Del latín "inversus", al contrario.* Operación que se da entre dos números donde se conoce el resultado y uno de los operados y se desconoce el otro, el cuál que mediante la operación inversa se busca determinar. Ejemplo: La inversa de la suma es la sustracción; la inversa de la multiplicación es la división; la de la potenciación es la radicación.

$10 + ? = 16$ La operación inversa es la resta pues nos permite determinar el operador que falta : **16-10 = 6**

$18 x ? = 36$ **La operación inversa es la división pues:**

$$36 + 18 = 2$$

Compárese con operación directa o de composición.

Operador: *Etim. Del latín "operātor", "ōris", el que hace.* Símbolo matemático que indica que debe ser llevada a cabo una operación especificada. Ejemplo: " +" (para indicar suma)," x" (para indicar multiplicación) ...

$$2 x 4 = 8$$

Operador

Opuesto: *Etim. Del latín "opposĭtus", contrario, totalmente diferente.* El opuesto de un número es el que tiene el mismo valor absoluto, pero signo contrario. Por ejemplo, el opuesto del 8 es el -8; el opuesto de -5 es el 5.

Orden: *Etim. Del latín "ordo", "ĭnis", en el lugar que le corresponde.* Posición a la izquierda de la coma decimal que ocupa un dígito dentro de un número. El número de símbolos permitidos en un sistema de numeración posicional se conoce como base del sistema de numeración. Si un sistema de numeración posicional tiene base b significa que disponemos de b símbolos diferentes para escribir los números, y que b unidades forman una unidad de **orden** superior. Ejemplo: En el sistema de numeración decimal contamos desde 0, incrementando una unidad cada vez, al llegar a 9 unidades, hemos agotado los símbolos disponibles, y si queremos seguir contando no disponemos de un nuevo símbolo para representar la cantidad que hemos contado. Por tanto, añadimos una nueva columna a la izquierda del número, reutilizamos los símbolos de que disponemos, decimos que tenemos una unidad de segundo orden (decena), ponemos a cero las unidades, y seguimos contando.

0,1,2,3,4,5,6,7,8,9 Unidades de primer orden

10,11,12............... Unidades de segundo orden (decenas)

Orden ascendente: *Etim. de Ascendente. Del latín "ascendens", "entis", que asciende.* Ordenar una serie o cantidad de números de menor a mayor colocando de primero el número que posea el menor valor y luego ir ordenándolos a medida que su valor vaya aumentando, para dejar en último lugar al que posea el mayor valor.

Dados los números: 20, 3, 15, 49 Su orden ascendente es: 3, 15, 20,49.

Orden descendente: *Etim. de Descendente. Del latín "descendĕre", bajar.* Ordenar una serie o cantidad de números de mayor a menor colocando de primero el número que posea el mayor valor y luego ir ordenándolos a medida que su valor vaya disminuyendo, para dejar en último lugar al que posea el menor valor.

Dados los números: 20, 3, 15, 49 Su orden descendente es: 49, 20,15,3.

Orden inferior: *Etim. de Inferior. Del latín "inferĭor", "ōris", más bajo.* Orden que representa un grupo que tiene menos elementos comparado con otros de su misma clase, se dice que es de **orden inferior**. Ejemplo: En el sistema de numeración decimal las decenas son un orden inferior a las centenas, pues las decenas son grupos formados por 10 unidades mientras que las centenas las forman 100 unidades.

Orden inmediato inferior: *Etim. de Inmediato. Del latín "immediătus", muy cercano.* Orden que representa un grupo que tiene tantas veces menos elementos que la base en comparación con otros de su misma clase. Ejemplo: En el sistema de numeración decimal las centenas son un orden inmediato inferior a las unidades de millar, pues las centenas son grupos formados por 100 unidades mientras que las unidades de millar las forman 1000 unidades, o sea 10 veces menos elementos.

Orden inmediato superior: *Etim. de Superior. Del latín "superĭor", que está más alto que otro.* Orden que representa un grupo que tiene tantas veces más elementos que la base con comparación con otros de su misma clase. Ejemplo: En el sistema de numeración decimal las unidades de millar son un orden inmediato superior a las centenas, pues las centenas son grupos formados por 100 unidades mientras que las unidades de millar las forman 1000 unidades, o sea 10 veces más elementos.

Orden superior: Orden que representa un grupo que tiene más elementos comparado con otros de su misma clase; se dice que es de **orden superior**. Ejemplo: En el sistema de numeración decimal las decenas son un orden superior a las unidades, pues las decenas son grupos formados por 10 unidades mientras que las unidades las forman solamente 1 elemento.

Ordenación: *Etim. Del latín "ordinatĭo", "ōnis", disposición.* Manera de colocar números o grupos de números con un orden lógico matemático establecido previamente. Ejemplo: Colocar de diez en diez, de mayor a menor...

Ordenada: *Etim. Del latín "ordinātae", "linĕae", líneas paralelas.* En un sistema de coordenadas cartesiano, se denomina **ordenada** de un punto al valor de la segunda de sus coordenadas y que representa la distancia al eje de las abscisas o eje horizontal. Usualmente se denota con la letra Y.

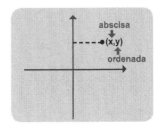

Ordenar: *Etim. Del latín "ordināre", colocar en orden de acuerdo con un plan.* Poner números, figuras o grupos en su lugar correcto siguiendo alguna regla establecida. Ejemplo: Ordenar figuras según sus lados.

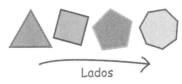

Lados

Ordinal: *Etim. Del latín "ordinālis", relativo al orden.* Número que expresa la idea de orden o sucesión. Véase número Ordinal.

Origen: *Etim. Del latín "orīgo", "ĭnis", principio, raíz de algo.* En un sistema de coordenadas cartesianas, el origen es el punto en que los ejes del sistema se cortan. Punto que corresponde al 0 en una recta numérica.

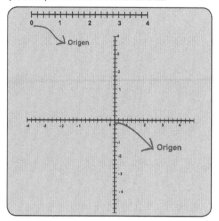

Ortocentro: *Etim. De "orto" y "centro".* Punto donde se cortan las tres alturas de un triángulo. El **ortocentro** puede estar en el exterior o en el interior de un triángulo así: si el triángulo es acutángulo, el **ortocentro** se ubica en su interior; si es rectángulo, se ubica en el vértice, donde se intersecan los catetos y justo en el ángulo recto; y si es obtusángulo, se ubica en su exterior. Véase lámina didáctica triángulos.

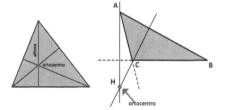

Fig. Ortocentros en triángulos ubicados externa e internamente

Óvalo: *Etim. Del latín "ovum", huevo, por la forma.* Curva cerrada plana que se asemeja a una forma ovoide o elíptica.

p

Par: *Etim. Del latín "par", "parís", igual, semejante.* Número divisible por dos. Dos elementos. Véase número par.

Par lineal: *Etim. de Lineal. Del latín "lineālis", relativo a la línea.* Ángulos adyacentes que son a la vez contiguos y suplementarios.

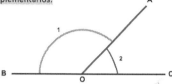

Par ordenado: *Etim. de Ordenado. Del latín "ordināre", colocar de acuerdo a un plan.* Se llama par ordenado a un conjunto formado por dos elementos donde se establece, inicialmente, cuál es el primer elemento y cuál el segundo. Ubicados en el plano cartesiano, podemos decir que en un par ordenado (x,y), "x" corresponde a la coordenada horizontal o abscisa "y" a la coordenada vertical u ordenada. Ejemplo: Par ordenado (4,3), la abscisa "x" es 4 y la ordenada "Y" es 3.

Paralelo o paralela: *Etim. Del latín "parallēlos", y este del griego " παράλληλος".* Líneas o planos que por más que se prolonguen no se cruzan o intersecan. Véase rectas paralelas.

Fig. Lineas y planos paralelos

Paralelepípedo: *Etim. Del latín "parallelepipědum", y este del griego "παραλληλεπίπεδον".* Poliedro de 6 caras o hexaedro en el que todas la caras son paralelogramos y cuyas caras opuestas son paralelas y congruentes. Ejemplo: Cubo y romboedro.

Paralelogramo: *Etim. Del latín "parallelogrammus", y este del griego "παραλληλόγραμμος".* Cuadrilátero cuyos lados opuestos son iguales y paralelos entre sí. Ejemplo: rombo, cuadrado, rectángulo....

Parte decimal: *Etim. Del latín "pars", "partis", y de "decĭmus".* Parte de un número decimal que se encuentra ubicado a la derecha de la coma decimal. La parte decimal representa fracciones iguales en que se ha dividido la unidad. Ejemplo: 8,25 El 25 representa la parte decimal del número 8,25

Parte entera: *Etim. de Entera. Del latín "intĕgrum," "intĕger", entero.* Parte de un número decimal que se encuentra ubicado a la izquierda de la coma decimal. La parte entera representa unidades completas. Ejemplo:

8,25 El 8 representa la parte entera del número 8, 25

Pentágono: *Etim. Del griego "πεντάγωνος".* Polígono compuesto por 5 lados y 5 vértices.

Perímetro: *Etim. Del latín "perimĕtros", y este del griego "περίμετρος", contorno de una figura, medida de ese contorno.* Medida del borde o contorno de una figura. Línea que marca el límite en una figura plana. Determinamos el **perímetro** de un polígono sumando la medida de todos sus lados, por ejemplo, en un cuadrado calculamos el perímetro sumando sus cuatro lados.

P = L1+L2+L3+L4 donde,
P= Perímetro
L= Lado

Cuando la figura es un círculo, el **perímetro** corresponde a la medida de su circunferencia, por lo tanto la fórmula para calcular su medida es:

P= C = 2 π. r = π. D donde,

P= Perímetro
C= Circunferencia
r = Radio
D= Diámetro de la circunferencia.

Compárese con área.

Período: *Etim. Del latín "periŏdus", y este del griego "περίοδος", cifras que se repiten indefinidamente.* Cifra o grupo de cifras que en las divisiones inexactas se repiten indefinidamente después del cociente entero. Se representa por medio de una raya sobre la cifra o dígito que se repiten. Ejemplo:

$$18 \div 11 = 1.636363$$

p

Perpendicular: *Etim. Del latín "perpendiculāris", de una línea o de un plano.* Línea o plano que forma un ángulo recto con otra línea u otro plano.

Pesa: Pieza con un peso determinado que sirve de base o referencia para medir masas utilizando para ello una balanza.

Peso: *Etim. Del latín "pensum", fuerza.* Medida de la fuerza que ejerce la gravedad de la tierra sobre un objeto determinado. Su unidad de medida es el Newton; se representa con la letra "N" y se mide con el dinamómetro. El peso del objeto dependerá de la cercanía o altura a la que se encuentre del centro de la tierra.

Fig. Dinamómetro.

Pi (π): *Etim. Del griego "πῖ".* Decimosexta letra del alfabeto griego que representa a un número decimal que resulta de dividir la medida de la longitud de circunferencia entre su respectivo diámetro, o lo que es lo mismo, **PI** son las veces que cabe el diámetro en su circunferencia que es tres veces y un poco más. El resultado de ésta división, sin importar el tamaño de la circunferencia y de su diámetro, siempre será 3.141 592 653... (3.141 592 653..). Por ser un número decimal, infinito no periódico, su valor aproximado y más comúnmente usado es π = 3.1416 (3.1416). Véase número Pi

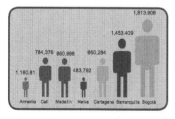

$$\frac{\text{Circunferencia}}{\text{Diámetro}} = \pi = 3.1416.$$

Pictograma: Es un diagrama que utiliza imágenes o símbolos para mostrar datos para una rápida comprensión. En un pictograma los dibujos se representan con un tamaño proporcional a la cantidad que se quiere expresar

Fig. Pictograma estadístico

Pie: *Etim. Del latín "pes", "pedís".* Unidad de medida de longitud de origen natural basada en el pie humano, usada en el Sistema Inglés de mediciones. Un *pie* equivale a 0.3048 metros (30.48 centímetros) aproximadamente.

30.48 cm

Pie cuadrado: *Etim. de Cuadrado. Del latín "quadrātus".* Unidad de medida de superficie perteneciente al Sistema Inglés. Su valor aproximado es de 0.093 metros cuadrados. Abarca una superficie cuadrada de 30.48 cm por lado.

30.48 cm

30.48 cm

Pie cúbico: *Etim. de Cúbico. Del latín "cubĭcus", y este del griego "κυβικός".* Unidad de medida de volumen perteneciente al Sistema Inglés. Su valor aproximado es de 0.028 metros cúbicos. Abarca el volumen de un cubo de 30.48 cm de arista.

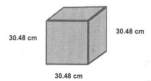

30.48 cm

30.48 cm

30.48 cm

30.48 cm

Pinta: *Etim. Del francés "pinte".* Unidad de volumen inglesa. Equivale a 0.473 litros. Una **pinta** se compone de cuatro tazas.

Pirámide: *Etim. Del latín "pyrāmis", "ĭdis", y este del griego "πυραμίς", "ίδος", originariamente, pastel de harina de trigo de forma piramidal, de "πυρός", harina de trigo.* Una **pirámide** es un poliedro limitado por una base, que es un polígono cualquiera; y por caras, que son triángulos coincidentes en un punto denominado ápice. Según el polígono que determine su base, se denomina pirámide cuadrangular (tiene como base un polígono cuadrilátero), pentagonal (tiene como base un polígono pentágono), hexagonal (tiene como base un polígono hexágono), octogonal (tiene como base un polígono octógono).... Sus elementos son: La altura de la **pirámide**, que es el segmento perpendicular a la base; une la base con el vértice. Las aristas de la base, que se llaman aristas básicas y las aristas que concurren en el vértice, que se llaman aristas laterales. La apotema lateral de una **pirámide** regular es la altura de cualquiera de sus caras laterales.

Fig. Pirámide rectangular

Pirámide regular: *Etim. de Regular. Del latín "regulãris", ajustado a la regla .* Pirámide donde la base es formada por un polígono regular y su ápice se encuentra sobre el centro de su base. Sus caras son triángulos isósceles congruentes.

Plano: *Etim. Del latín "planus", liso, sin relieves.* Llano, liso, sin relieves, como cada una de las caras de una hoja de papel; es también la representación esquemática, en dos dimensiones y a determinada escala, de un terreno, una ciudad, una máquina, etc. Desde el punto de vista geométrico un **plano** tiene las siguientes propiedades: contiene infinitos puntos; contiene infinitas rectas, el **plano** es ilimitado; la intersección de dos **planos** es una línea recta; por una recta pasan infinitos planos. Véase superficie plana.

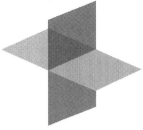

Plano cartesiano: *Etim. de Cartesiano. De "Cartesius", Cartesio, nombre latinizado de René Descartes, filósofo y matemático francés.* Es un sistema de referencias que se encuentra conformado por dos rectas numéricas, una horizontal y otra vertical, que se cortan en un determinado punto. A la horizontal se la llama eje de las abscisas o de las "x" y al vertical eje de las coordenadas o de las "y", en tanto, el punto en el cual se cortarán se denomina origen. La principal función o finalidad de este plano será el de describir la posición de puntos, los cuales se encontrarán representados por sus coordenadas o pares ordenados. Las coordenadas se formarán asociando un valor del eje "x" y otro del eje "y".

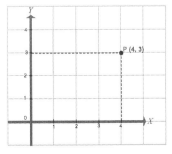

Por ejemplo, un **Plano cartesiano** sirve para ubicar puntos en un mapa pues nos da las líneas de referencia que necesitamos para ello. Para facilitar la ubicación de un lugar en el mapa, se elige una recta horizontal y una recta vertical, se las divide en partes iguales y se las numera. Estas líneas rectas numeradas son las que se llaman rectas numéricas.

Plano horizontal: Superficie plana paralela al horizonte. Ejemplo: El plano que determina la superficie de una mesa de pool.

Plano inclinado: *Etim. de Inclinado. Del latín "inclināre".* Superficie plana que no se encuentra en posición horizontal ni vertical. Ejemplo: una rampa.

Plano vertical: *Etim. de Vertical. Del latín "verticālis", perpendicular a otra recta o plano horizontal.* Superficie plana que forma un ángulo recto con un plano horizontal.

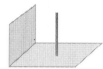

Planos oblicuos: *Etim. de Oblicuos. Del latín "obliquus", sesgado, inclinado.* Planos que no forman ángulo rectos con relación a otro.

Planos paralelos: *Etim. de Paralelos. Del latín "paraliēlos", y este del griego "παράλληλος".* Dos o más planos que nunca llegan a cortarse entre sí.

Planos perpendiculares: *Etim. de Perpendicular. Del latín "perpendiculāris".* Dos o más planos que se cortan en ángulo recto.

Población: *Etim. Del latín "populatio", "ōnis".* Conjunto finito o infinito de personas, animales, objetos o eventos que presentan características comunes y que son objeto de estudio. Ejemplo: Los niños que no han sido vacunados contra la viruela en una determinada comunidad.

Poliedro: *Etim. Del griego "πολύεδρος", sólido limitado por superficies planas.* Cuerpos geométricos totalmente limitados por polígonos. Los polígonos que lo conforman se denominan caras. Ejemplo: prisma, pirámide....

Poliedro cóncavo: **Poliedro cóncavo** es aquel en el que existe alguna cara que, al prolongarla, corta al poliedro. Compárese con poliedro convexo.

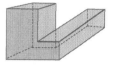

Fig. Poliedro Cóncavo

Poliedro convexo: **Poliedro convexo** es aquel en el que, al prolongar cualquiera de sus caras, éstas no cortan al poliedro. Compárese con poliedro cóncavo.

Fig. Poliedro convexo.

Poliedro regular: *Etim. de Regular. Del latín "regulāris", ajustado a la regla.* El poliedro regular es aquel cuerpo geométrico que se encuentra limitado por polígonos regulares. Existen 5 **poliedros regulares:** tetraedro, cubo, icosaedro, dodecaedro y octaedro.

Cubo   Octaedro   Tetraedro   Dodecaedro   Icosaedro

Polígono: *Etim. Del griego "πολύγωνος", porción de plano limitada por líneas rectas.* Un **polígono** es una figura geométrica cerrada formada por varios segmentos de líneas rectas, consecutivas no alineadas, llamados lados. Los puntos en donde se interceptan sus lados se denominan vértices. Se clasifican y toman su nombre

de acuerdo al número de lados que tenga el **polígono** y las características de esos lados. Ejemplo: Hexágonos (contienen 6 lados).

Polígono cóncavo: *Etim. de Cóncavo. Del latín "cavus", cóncavo, en griego "kutos", cavidad.* Polígono que tiene algún ángulo interior que mide más de 180° (grados) y si trazamos sus diagonales por lo menos una de ellas queda fuera de la figura.

Polígono convexo: *Etim. de Convexo. Del latín "convexus"; "vexi", del verbo "veho", llevar a cuestas; es decir, encorvado, como el que lleva a cuestas.* Un **polígono convexo** es un polígono en el que todos los ángulos interiores miden menos de 180° (grados) y todas sus diagonales son interiores. Aunque el triángulo no tiene diagonales, sus ángulos internos son menores que 180° por lo que se le considera un polígono convexo.

Polígono irregular: *Etim. de Irregular. Del latín "irregulāris", fuera de reglas.* Polígono que no tiene todos los lados o los ángulos congruentes. Una figura que tiene sus lados congruentes pero no tiene los ángulos congruentes es un **polígono irregular**, como por ejemplo el rombo; o si tiene sus ángulos congruentes, como en el rectángulo, pero sus lados son desiguales.Lo mismo podríamos concluir de una figura que no tiene sus lados ni sus ángulos congruentes.

Triángulos   Cuadriláteros   Pentágonos

Polígono regular: *Etim. de Regular. Del latín "regulāris", ajustado a la regla.* Es un polígono en el que todos los lados tienen la misma longitud y todos los ángulos interiores son de la misma medida. Ejemplo: el cuadrado y el triángulo equilátero, pues ambos tienen sus lados y ángulos congruentes. Compárese con Polígono irregular.

Por ó signo por: *Etim. Del latín "pro", "per".* Signo usado usualmente para la operación de multiplicación. Signo de multiplicar: x

Por comprensión: *Etim. de Comprensión. Del latín "comprehensio", "ōnis".* Expresión usada para describir un conjunto donde se menciona una característica común de todos los elementos que lo conforman. Por ejemplo, el conjunto formado por las letras del abecedario.

$$B = \{x/x \text{ es una letra del abecedario}\}$$

Por extensión: *Etim. de Extensión. Del latín "extensio", "ōnis", extender o extenderse.* Expresión usada para describir un conjunto donde se menciona o describen cada uno de sus elementos o alguna serie u orden que los identifique. Por ejemplo, el conjunto formado por las letras del abecedario.

$$B = \{ x/x \text{ a,b,c,d,e,f,g,h,i,j,k,l,ll.....} \}$$

Porcentaje: *Etim. Del inglés "percentage".* Representa las partes que se han tomado de una cantidad, unidad o todo, que ha sido dividida en 100 partes iguales. Es a menudo denotado utilizando el signo porcentaje %. Por ejemplo: "Treinta y dos por ciento" se representa mediante 32% y significa treinta y dos partes de cada cien.

Potencia: *Etim. Del latín "potentia", poder, capacidad.* Producto que resulta al multiplicar una cantidad o expresión, llamada base, por sí misma, las veces que lo indique otro número llamado exponente. Se denota así: b^n = a. donde a es la **potencia** b es la base y n el exponente. Por ejemplo:

$$\text{Base} \leftarrow 5^2 = 25 \rightarrow \text{Potencia}$$

(Exponente ↓)

Potenciación: Operación matemática consistente en multiplicar un número, llamado base, por sí mismo tantas veces como lo indique un número llamado exponente. El resultado recibe el nombre de potencia. Se denota así:

$b^n = a$. dónde a es la potencia b es la base y n el exponente.

Por ejemplo, $20^3 = 8000$ $(20 \times 20 \times 20)$

Precio de costo: *Etim. Del latín "pretĭum", valor, y "costus", este del griego "κόστος", y este del sánscrito "kusthah", gasto.* El precio de costo es el precio que se tiene que pagar por la adquisición de un producto en el mercado o los gastos por su elaboración. El costo de producción en las empresas se suele clasificar en costos fijos (Cf) – son aquellos que no están supeditados a la producción, como son arriendo, pago de personal administrativo, etc. - y costos variables, (Cv)- son aquellos que dependen del número de artículos producidos, como cantidad de insumos, horas por trabajadores, energía, etc.-, siendo el costo total (Ct) la suma de los dos anteriores.

Precio de venta: *Etim. de Venta. Del latín "vendĭta", "vendĭtum".* Valor de los productos o servicios que se venden a los clientes. El precio de venta es el resultado de calcular el costo de producción y sumarle un porcentaje el cual es la ganancia.

Predecir: *Etim. Del latín "praedicĕre", anunciar lo que va a suceder.* Anunciar un hecho o evento que ocurrirá en el futuro. Una predicción puede basarse en antecedentes, estimaciones o no tener ningún fundamento. Ejemplo: De continuar el aumento de la temperatura, por el calentamiento global, pronto habrá un deshielo en los casquetes polares.

Primo: *Etim. Del latín "primus", excelente.* Son aquellos números que son divisibles por sí mismos y por la unidad. Por ejemplo: el 2,el 11, el 19 etc. Véase número primo.

Primos relativos: *Etim. de Relativo. Del latín "relatĭvus", en relación con algo.* Son aquellos números que tienen como único divisor común el número uno, pueden ser primos o no. Ejemplo: el 7 y el 9 son primos relativos porque su único divisor común es el 1.

Principio: *Etim. Del latín "principĭum", primero en una extensión o cosa.* Punto considerado como primero en una extensión o cosa. Proposición o verdad considerada como ley o regla en un evento matemático. Por ejemplo, la suma de dos números naturales tiene un único resultado.

Prioridad de las operaciones: *Etim. Del latín "prior", "ōris", anterior, y de "operatĭo", "ōnis", ejecución.* Expresión usada para establecer el orden en que deben realizarse las operaciones cuando exista una combinación de ellas. Para resolver operaciones combinadas se debe: Realizar primero las operaciones encerradas entre paréntesis, luego los corchetes y último las que están dentro de las llaves, con el siguiente orden:

1. Potenciación y radicación.

2. Multiplicación y división.

3. Sumas y restas.

Y por último se resuelven las sumas y restas que separan los términos.

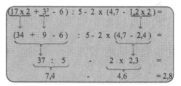

Prisma: *Etim. Del latín "prisma", y este del griego "πρῖσμα".* Se denomina **prismas** aquellos poliedros que tienen dos caras paralelas llamadas bases y sus caras laterales son paralelogramos. La distancia entre las dos bases se llama altura del **prisma**. Sección recta de un **prisma** es el polígono obtenido al cortar dicho **prisma** por un plano perpendicular a las aristas laterales. Tronco del **prisma** es la porción de **prisma** comprendida entre una de las bases y una sección recta del **prisma** no paralela a las bases.

Según el número de caras laterales del **prisma** se clasifican en: triangulares (cuando tienen tres caras laterales), cuadrangulares (si tienen cuatro), pentagonales, (si tienen cinco), hexagonales, (si tienen seis), etc.

Prisma oblicuo: *Etim. de Oblicuo. Del latín "obliquus", sesgado, inclinado.* Son los prismas cuyas caras laterales son romboides o rombos.

Prisma recto: *Etim. de Recto. Del latín "rectus", que no se inclina ni hace curvas.* Prisma que tiene las aristas laterales perpendiculares a las bases. Posee dos caras que son regiones poligonales congruentes en planos paralelos y las caras laterales son rectángulos. La altura *h* es la distancia entre las caras paralelas. El volumen de un prisma es el producto del área de la base por la altura y el área de la superficie es la suma de las áreas de las caras que lo limitan.

Prisma regular recto: *Etim. de Regular recto. Del latín "regulāris", ajustado a la regla y "rectus", que no se inclina ni hace curvas.* Prisma que tiene por bases polígonos regulares y sus caras laterales son perpendiculares a las bases.

Prisma regular: Prisma regular es un cuerpo geométrico limitado por dos polígonos, paralelos e iguales, llamados bases, y por tantos rectángulos como lados tenga cada base.

Probabilidad: *Etim. Del latín "probabilĭtas", "ātis", que puede suceder.* Posibilidad de que se produzca un suceso o aparezca un valor de entre el conjunto de casos o situaciones consideradas. Estadísticamente se define por el cociente de casos favorables entre los casos posibles. Ejemplo: La **probabilidad** de obtener un par en el lanzamiento de un dado es 3/6, ya que tres son los pares del uno al seis y seis el total de posibles resultados que arroja un dado.

Problema: *Etim. Del latín "problēma", y este del griego "πρόβλημα", planteamiento de una situación.* Planteamiento o proposición en la que por medio de sus relaciones con cantidades conocidas, llamadas datos del problema, hay que determinar cantidades desconocidas llamadas incógnitas. Usualmente se resuelven mediante la aplicación de fórmulas, mediciones, operaciones, pruebas.,...etc..

Procedimiento: *Etim. Del latín "procedĕre", poner en ejecución.* Pasos claramente definidos que permiten realizar una operación o resolver un problema. Ejemplo: El **procedimiento** para calcular el perímetro de un polígono indica los pasos a seguir para su cálculo.

Producto: *Etim. Del latín "productos", cantidad producida.* Resultado de la multiplicación de varios números. Término de la multiplicación que generalmente se usa como sinónimo de ésta. Véase multiplicación.

$$8 \times 9 = 72 \longrightarrow \text{Producto}$$

Profundidad: *Etim. Del latín "profundĭtas", "ātis".* Extensión de un objeto desde la superficie o desde la entrada y hasta el fondo. Una de las tres dimensiones espaciales de un objeto sólido junto con longitud y altura.

Progresión. *Etim. Del latín "progressĭo, -ōnis", acción de avanzar o de proseguir algo.* Sucesión de números que siguen un patrón que permite determinar el siguiente. Véase progresión aritmética y progresión geométrica.

Progresión aritmética. *Etim. Del latín "progressĭo, -ōnis", acción de avanzar o de proseguir algo y del latín arithmetĭcus, y este del griego" ἀριθμητικός".* Es una sucesión de números en la cual cada término después del primero se obtiene sumándole al anterior una cantidad determinada llamada razón aritmética ó diferencia. La razón de una **progresión aritmética** se determina restando a cualquiera de sus elementos el elemento anterior. Una **progresión aritmética** puede ser "creciente" si los números van aumentando y "decreciente" si van disminuyendo. Para que sea "creciente" la razón aritmética debe ser una cantidad positiva, mientras que para que sea "decreciente" debe ser negativa. También la **progresión aritmética** puede ser "finita" o "infinita". Para que sea "finita" debe tener un número "finito" de elementos e "infinita" un número "infinito" de elementos. Para separar los elementos de una **progresión aritmética** se utilizan puntos. Por ejemplo: 1.6.11.16.21.26.31....; en este ejemplo la razón aritmética es 5 porque 11- 6 = 5; ó 16 – 11 = 5. Ahora, obsérvese que: 1+ 5 = 6; 6+5 = 11; 11 + 5 = 16; 16 + 5 = 21; 21 + 5 = 26; 26 + 5 = 31....

Progresión geométrica. *Etim. Del latín "progressio, -ōnis", acción de avanzar o de proseguir algo y del latín "geometricus", y este del griego "γεωμετρικός".* Es una sucesión de números en la cual cada término después del primero se obtiene multiplicando el anterior por una cantidad determinada llamada razón geométrica. La razón de una **progresión geométrica** se determina dividiendo cualquiera de sus elementos por el elemento anterior. Una **progresión geométrica** puede ser "creciente" si los números van aumentando y "decreciente" si van disminuyendo. Para que sea "creciente" el valor absoluto de la razón debe ser una cantidad mayor que 1, mientras que para que sea "decreciente" debe ser menor que 1. También la **progresión geométrica** puede ser "finita" o "infinita". Para que sea "finita" debe tener un número "finito" de elementos e "infinita" un número "infinito" de elementos. Para separar los elementos de una **progresión geométrica** se utilizan dos puntos. Por ejemplo, en la serie infinita creciente 1: 6: 36: 216: 1.296; …..la razón geométrica es 6 porque, 216 ÷ 6 = 36. Obsérvese que 1 x 6 = 6; 6 x 6 = 36; 36 x 6 = 216; 216 x 6 = 1.296; ……

Promedio: *Etim. Del latín "pro medio".* En matemáticas y estadística, el promedio es un valor típico o representativo de un conjunto de datos ordenados por magnitud; los promedios suelen situarse hacia el centro del conjunto de los valores; por esta característica reciben el nombre de medidas de tendencia central. Los promedios más comunes son la media aritmética, la moda, la mediana, la media geométrica y la media armónica. Ejemplo: Si en una habitación hay cuatro personas que tienen 50, 100, 300, 25 pesos respectivamente, el promedio que tienen en pesos será: $(50 +100 + 300 + 25) ÷ 4 = 475 ÷ 4 = 118.75$

Promedio ponderado. Véase Media aritmética.

Pronóstico: *Etim. Del latín "prognosticum", y este del griego "προγνωστικόν", pronosticar.* Los pronósticos son predicciones de lo que puede suceder o se puede esperar en un futuro. Son premisas o suposiciones básicas en que se basan la planeación y la toma de decisiones. Ejemplo: La temperatura será de 32 grados toda la semana.

Propiedad: *Etim. Del latín "propiedad", derecho.* Cualidades de los entes matemáticos, estudiadas en sus distintas ramas. Las propiedades matemáticas se pueden clasificar en distintos grupos de acuerdo con diversos criterios. Según los objetos que puedan cumplirlas se pueden distinguir, entre las más básicas y generales, las propiedades de las relaciones binarias sobre los conjuntos, las propiedades de las operaciones, las de las funciones o aplicaciones y las propiedades de los conjuntos.

Propiedad asociativa: *Etim. de Asociativa.Del latín "associāre", unirse.* Propiedad que establece que cuando se realiza una operación entre tres o más números reales, el resultado siempre es el mismo independientemente de su agrupamiento. Ejemplo: $(a + b) + c = a + (b + c)$.

Propiedad conmutativa: *Etim. de Conmutativa. Del latín "commutāre", cambiar una cosa por otra.* Propiedad de una operación matemática que nos indica que si cambiamos el orden de los números que se operan no se altera el resultado. La suma y la multiplicación son operaciones conmutativas, no así la resta y la división ni la potenciación y la radicación. En el ejemplo siguiente podemos comprobar que el resultado de sumar 2525 + 4816 es igual a sumar 4816 + 2525

Propiedad distributiva: *Etim. de Distributiva. Del latín "distribuĕre", dividir entre varios.* La propiedad distributiva establece que entre dos operaciones se puede distribuir una de ellas entre los términos de la otra sin que se altere el resultado. Ejemplo: La multiplicación es distributiva con respecto a la suma y la resta. La potenciación y la radicación son distributivas con respecto a la división y a la multiplicación.

$$4 \times (2 + 3) = 4 \times 2 + 4 \times 3 \qquad (5 \times 6)^2 = 5^2 \times 6^2$$
$$20 = 20 \qquad\qquad 900 = 900$$

Proporción: *Etim. Del latín "proportio", ōnis", igualdad.* La proporción es la igualdad de dos razones. Una proporción tiene por tanto cuatro términos ordenados: los cuatro números se llaman términos de la proporción; el primero y el último se llama extremos; el segundo y el tercero se llaman medios. Por ejemplo, $\frac{2}{3} = \frac{6}{9}$. Aquí el 2 y el 9 son los extremos y el 3 y 6 son los medios. Véase proporción aritmética y proporción geométrica.

Proporción aritmética: *Etim. de Aritmética. Del griego "arithmos", número, y "tejne", ciencia.* Una proporción aritmética es la igualdad de dos diferencias, de tal forma que el término del medio excede al primero en una cantidad en la que este es excedido por el último. Es decir:

$$a - b = b - c, \text{ donde } b = \frac{(a + c)}{2}$$

Proporción geométrica: *Etim. de Geométrico. Del griego "geos" que significa tierra y "metron" que significa medida.* Una **proporción geométrica** es la igualdad de dos razones tales que la razón entre el primer término y el término medio es igual a la razón entre este y el término extremo. Es decir :

$$\frac{a}{b} = \frac{b}{c} \quad \text{de donde } b = \sqrt{a \times c}.$$

Proporcionalidad: *Etim. Del latín "proportionalĭtas", "ātis", proporción.* Es una relación entre magnitudes medibles donde entre ellas se forman proporciones. Véase Proporcionalidad directa y Proporcionalidad inversa.

Proporcionalidad directa: *Etim. de Directa. Del latín "directus", "dirigĕre", dirigir.* Dos magnitudes son proporcionalmente directas cuando al multiplicar o dividir una de ellas por un número, la otra queda multiplicada o dividida respectivamente por el mismo número. Ejemplo: Un automóvil consume 3 galones de gasolina por 120 km de recorrido. Si el carro recorre 360 km consumirá 9 galones de gasolina. La cantidad de gasolina aumenta proporcionalmente al número de kilómetros recorridos.

Proporcionalidad inversa: *Etim. de Inversa. Del latín "inversus", alterado.* Dos magnitudes son inversamente proporcionales cuando al aumentar una, disminuye la otra en la misma proporción. Ejemplo: Tres pintores tardan 10 días en pintar una casa. ¿Cuánto tardarán seis pintores en hacer el mismo trabajo? Al aumentar el número de pintores disminuye el tiempo que se tarda en pintar la casa; como el número de pintores se multiplica por 2, el número de días que se emplean en pintar se divide por 2. Así tardarán 5 días.

Prueba: Es la acción y efecto de probar. En matemáticas las **pruebas** son las operaciones que se realizan para comprobar que otra ya hecha es correcta. Por ejemplo, al resolver una ecuación se sustituyen los valores encontrados en la igualdad para probar que las soluciones encontradas son correctas.

Pulgada: *Etim. Del latín "pollicāris".* Unidad de longitud en el Sistema Inglés. Originalmente, la **pulgada** se introdujo para representar el ancho de un pulgar. Actualmente, la **pulgada** se define como 2.54 cm. 12 **pulgadas** equivalen a 1 pie. En inglés se representa con las letras "in", en español se usa "pulg".

Pulgada cuadrada: *Etim. de Cuadrada. Del latín "quadrātus".* Unidad para medir superficies en el Sistema Inglés. Cuadrado cuyo lado posee 1 pulgada de longitud (2,54 centímetros).

Pulgada cúbica: *Etim. de Cúbica. Del latín "cubĭcus", y este del griego "κυβικός".* Unidad para medir el volumen en el Sistema Inglés. Equivale al volumen de un cubo de una pulgada de lado, exactamente 2,54 centímetros.

Punto: *Etim. Del latín "punctum".* Es un elemento geométrico adimensional, no es un objeto físico, que describe una posición en el espacio. Se representa mediante un círculo muy pequeño y relleno, también con una "x" o una cruz "+".

Puntos colineales: Tres o más **puntos** son **colineales** cuando al trazar una recta ésta pasa por todos los puntos. Es decir, están en la misma dirección. No son colineales si al pasar una recta al menos uno de los puntos se encuentra fuera de la recta.

Puntos coplanares: Tres o más **puntos** son **coplanares** cuando se encuentran contenidos en un mismo plano.

Punto decimal: *Etim. de Decimal. Del latín "décimo".* El punto usado para separar la parte entera de la parte fraccionaria en cualquier cifra.

123.89 — Punto decimal

Punto medio: *Etim. de Medio. Del latín "medĭus", mitad.* Es el punto que se encuentra a la misma distancia de cualquiera de los extremos. Divide a un segmento en dos partes iguales.

A   B   C — Punto medio

p

Punto de referencia: *Etim. de Referencia. Del latín "referens", "entis",* referente. Consiste en un punto del espacio que se toma como referencia para realizar mediciones. Véase origen.

q

Quilate (K): *Etim. Del árabe hispano "qirát", este del árabe clásico "qīrāṭ", y este del griego "κεράτιον", peso de cuatro granos.* Unidad de medida de peso utilizada para el comercio de piedras preciosas (gemas, perlas, rubíes) equivalente a 0.2 g. En el caso del oro y la plata, el **quilate** no es una medida de peso sino una índice de calidad o pureza del metal, por lo que mientras mayor sea el número de quilates mayor será el contenido de oro o plata que tendrá el artículo. El oro y plata puro tienen por definición 24 **quilates**.

Quincena: *Etim. Del latín "quindĕcim",* quince. Conjunto formado por quince elementos. Período de tiempo correspondiente a 15 días. Conocida también como el período de tiempo de dos semanas (aunque esto representaría 14 días). Generalmente al mes se le divide en dos **quincenas**, la primera del 1 al 15 y la segunda del 16 al 30 (aunque por los días que tienen los diferentes meses habría quincenas entre 13 a 16 días).

Quintal (q): *Etim. Del árabe hispano "qinṭár", este del siriaco "qanṭīrā", y este del latín "centenarīum", centenario.* Unidad de medida de masa utilizada en la agricultura para pesar las cosechas. Para el quintal métrico en el SI un quintal equivale a 100 kilogramos, 100000 g y 0.1 t. El **Quintal** también fue una medida de masa usada antiguamente en España, equivalente a 46 kg aprox. El **Quintal** estadounidense equivale a 45.36 kg aprox. o 4 arrobas.

Quintuplicar: *Etim. Del latín "quintuplicāre", cinco veces mayor.* Proceso que incrementa cinco veces un número o cantidad. Para **quintuplicar** un número se multiplica por 5. Por ejemplo, al **quintuplicar** el número 6 obtenemos 30, porque 6 x 5 = 30.

Quíntuplo o quíntuple: *Etim. Del latín "quintŭplus", que contiene un número cinco veces.* Número o cantidad que es cinco veces mayor que otro. Para obtener el **quíntuplo** de un número lo multiplicamos por 5. Por ejemplo, el **quíntuplo** de 7 es 35 porque 7 x 5 = 35 (35 es 5 veces mayor que 7, es decir 35 es el **quíntuplo** de 7).

r

r: Símbolo abreviado que sirve para representar el radio de una circunferencia.

Radián: *Etim. Del inglés "radian", y este del latín "radius", radio.* Medida angular cuyo arco de circunferencia tiene por medida la longitud del radio de ésta; es la medida angular del sistema internacional de medidas. El valor de un **radián** equivale a 57,295°. Un ángulo de un giro o de 360° equivale a 2π (6.283...) radianes.

Radicación: Es una operación contraria a la potenciación y que consiste en hallar la base cuando se conoce la potencia y el exponente. Su símbolo $\sqrt[n]{a} = b$ y significa que $b^n = a$. Aquí, n es índice, a es la cantidad subradical y b es la raíz. Por ejemplo, $\sqrt[2]{81} = 9$ significa que $9^2 = 81$. Compárese con subradical ó radicando.

Radical: *Etim. Del latín "radix", "īcis".* Es el signo ($\sqrt{}$) con que se índica la operación de extraer raíces.

Radicando: Véase subradical.

Radio: *Etim. Del latín "radĭus".* Es el segmento que une el centro de la circunferencia con cualquier punto de ésta.

Raíz: *Etim. Del latín "radix", "īcis".* Cada uno de los valores que puede tener la incógnita de una ecuación. También es el resultado de la radicación, o sea, es la cantidad que se ha de multiplicar por sí misma las veces que lo indique un número llamado índice, para obtener un valor determinado llamado cantidad subradical. **Por ejemplo,** $\sqrt[2]{81} = 9$, aquí el 9 es la **raíz**.

Raíz cuadrada: *Etim. Del griego "radix", raíz, principio, y del latín "quadrātus".* La raíz cuadrada es la operación inversa a elevar al cuadrado y consiste en averiguar el número cuando se conoce su cuadrado. $\sqrt{a} = b \qquad b^2 = a.$

Ejemplo: Calcular la raíz cuadrada de: 89.225. Si el radicando tiene más de dos cifras, separamos las cifras en grupos de dos empezando por la derecha $\sqrt{8\ 92\ 25}$. Calculamos la raíz cuadrada entera o exacta, del primer grupo de cifras por la izquierda. ¿Qué número elevado al cuadrado da 8? 8 no es un cuadrado perfecto pero está comprendido entre dos cuadrados perfectos: 4

y 9, entonces tomaremos la raíz del cuadrado perfecto por defecto: 2, y lo colocamos en la casilla correspondiente $\sqrt{8\ 92\ 25}\ \lfloor\underline{2}$. El cuadrado de la raíz obtenida se resta al primer grupo de cifras que aparecen en el radicando.

$$\sqrt{8\ 92\ 25}\ \lfloor\underline{2}$$
$$\frac{-4}{4}$$

El cuadrado de 2 es 4. Se lo restamos a 8 y obtenemos 4.Detrás del resto colocamos el siguiente grupo de cifras del radicando, separando del número formado la primera cifra a la derecha y dividiendo lo que resta por el duplo de la raíz anterior.

$$\sqrt{8\ 92\ 25}\ \lfloor\underline{2}$$
$$\frac{-4}{49}\ \ 2$$

Bajamos 92, siendo la cantidad operable del radicando: 492. 49: 4 > 9, tomamos como resultado 9.El cociente que se obtenga se coloca detrás del duplo de la raíz, multiplicando el número formado por él, y restándolo a la cantidad operable del radicando.

$$\sqrt{8\ 92\ 25}\ \lfloor\underline{2}$$
$$\frac{-4}{49\ 2}\quad \lfloor 49 \times 9 = 441$$

Si hubiésemos obtenido un valor superior a la cantidad operable del radicando, habríamos probado por 8, por 7... hasta encontrar un valor inferior.

$$\sqrt{8\ 92\ 25}\ \lfloor\underline{2}$$
$$\frac{-4}{492}\quad \lfloor 49 \times 9 = 441$$
$$\frac{441}{51}$$

El cociente obtenido es la segunda cifra de la raíz.

$$\sqrt{8\ 92\ 25}\ \lfloor\underline{29}$$
$$\frac{-4}{492}\quad \lfloor 49 \times 9 = 441$$
$$\frac{441}{51}$$

Bajamos el siguiente par de cifras y repetimos los pasos anteriores.

$$\sqrt{8\ 92\ 25}\ \lfloor\underline{29}$$
$$\frac{-4}{492}\quad \lfloor 49 \times 9 = 441$$
$$\frac{441}{51}\quad \lfloor 589 \times 9 = 5301$$

Como 5301 > 5125, probamos por 8.

$$\sqrt{8\ 92\ 25}\ \lfloor\underline{29}$$
$$\frac{-4}{492}\quad \lfloor 49 \times 9 = 441$$
$$\frac{441}{5125}\quad \boxed{588 \times 8 = 4704}$$
$$\frac{4704}{421}$$

Subimos el 8 a la raíz

$$\sqrt{8\ 92\ 25}\ \lfloor\underline{298}$$
$$\frac{-4}{492}\quad \lfloor 49 \times 9 = 441$$
$$\frac{441}{5125}\quad \boxed{588 \times 8 = 4704}$$
$$\frac{4704}{421}$$

Prueba: Para que el resultado sea correcto, se tiene que cumplir lo siguiente:

Radicando= (Raíz entera)^2 + Resto 89.225 = 298^2 + 421.
Véase lámina didáctica radicales.

Raíz cúbica: *Etim. de Cúbica. Del latín "cubĭcus", y este del griego "κυβικός".* La raíz cúbica de un número es ese valor especial que, si lo usamos en una multiplicación tres veces, nos da el mencionado número. **Por ejemplo:** $3 \times 3 \times 3 = 27$, así que la raíz cúbica de 27 es 3.

1.- Para calcular la raíz cúbica de un número se comienza separando el número en grupos de tres cifras, empezando por la derecha.

Por ejemplo: 16387064 lo separaríamos 16'387'064.

2.- A continuación se calcula un número entero que elevado al cubo se aproxime lo más posible al número del primer grupo (empezando por la izquierda).

En nuestro ejemplo el primer número es 16 y el número

entero que elevado al cubo se acerca más a 16 es 2. 2 es la primera cifra de la raíz.

3.- Después se eleva al cubo esta cifra y se resta del número del primer grupo.

En nuestro ejemplo = 8 y restándolo del número del primer grupo que es 16, sale 16 - 8 = 8.

4.- A continuación ponemos al lado del resto anterior el número del siguiente grupo.

En nuestro **ejemplo** nos quedaría 8387.

5.- - Después tenemos que calcular un número *a*, que haciendo las operaciones siguientes: 3 * (raíz obtenida hasta el momento)2 * *a*,* 100 + 3 * (raíz obtenida hasta el momento) * *a*2 * 10 + *a*3, se aproxime lo más posible al número obtenido en el punto 4.

El número *a*, es el siguiente dígito de la raíz.

En nuestro **ejemplo** ese número sería 5, porque 3 x 22 x 5 x 100 + 3 x 2 x 52 x 10 + 53 = 7625.

6.- A continuación restamos este número al número obtenido en el paso 4.

En nuestro **ejemplo**: 8387 - 7625 = 762.

7.- Repetimos el paso 4.

En nuestro **ejemplo**: 762064.

8.- Repetimos el paso 5 y el numero obtenido sería el siguiente numero de la raíz.

En el **ejemplo** sería el 4 porque 3 * 252 *4 *100 + 3 * 25 * 42 *10 + 43 = 762064.

9- Repetimos el paso 6.

En nuestro **ejemplo** 762064 - 762064 = 0.

Rango: *Etim. Del francés "rang", y este del franco "hring", círculo, corro de gente.* En estadística **rango** es la diferencia entre el mayor y el menor de los datos numéricos tomados en una investigación. Por ejemplo, el peso en kilogramos de 10 niños es: 35, 30, 27, 32, 29, 30, 25, 31,36, 29; el **rango** es: 36 − 25 = 10

Rayo: *Etim. Del latín "radĭus", línea.* Parte de una recta que partiendo de un punto recorre una dirección; dicho punto es el extremo de una semirrecta.

Segmento $\overline{AB}$

Razón: *Etim. Del latín "ratĭo", "ōnis".* Es la división, cociente o relación entre dos cantidades. Por ejemplo, en la expresión 5/6 es una razón. También se denota 5:6 y en ambos casos se lee: "cinco es a seis".

Razón aritmética: *Etim. de Aritmética. Del griego "arithmos", número, y "tejne", ciencia.* La razón aritmética de dos cantidades es la diferencia (o resta) de dichas cantidades. La razón aritmética se puede escribir colocando el signo − entre los números. Así la **razón aritmética** de 8 a 5 se escribe: 8 − 5. El primer término recibe el nombre de antecedente y el segundo término consecuente. Así en la razón 8-5, el antecedente es 8 y el consecuente es 5. Por ejemplo, en la resta 215 − 125 = la diferencia encontrada es 90; ésta es la **razón aritmética**.

Razón entre dos cantidades: *Etim. de Razón. Del latín "ratĭo", "ōnis".* Cociente o división de dos números. Cuando se comparan dos razones equivalentes se forma una proporción. Por ejemplo, 5/8 es una razón, que también se puede denotar 5 ÷ 8 o 5:8, en esta última se lee: 5 es a 8.

Razón geométrica: *Etim. de Geométrica. Del griego "geos" que significa tierra y "metron" que significa medida.* Cociente constante entre dos términos consecutivos de una progresión geométrica. Por ejemplo, en la división 250:50, ésta nos da como resultado 5; nuestra razón es 5. **Amplíese con Serie geométrica.**

Razonamiento: Serie de conceptos entrelazados mediante las leyes de la lógica formal encaminados a demostrar la veracidad o falsedad de una proposición.

Razonar: Pensar, discurrir, ordenando y relacionando ideas, conceptos y principios para llegar a una conclusión o plantear procedimientos en la solución de un problema.

Razones equivalentes: *Etim. de Equivalentes. Del latín "aequivălens", "entis", igual.* Son aquellas razones iguales porque representan la misma cantidad. Por ejemplo, la razón 3/6 es equivalente a ½, pues ambas equivalen a 0.5.**Véase proporción.**

$\frac{3}{6}$ · · · $\frac{1}{2}$

Reagrupar: Agrupar de nuevo o de manera diferente algo que ya estuvo agrupado. Por ejemplo, en cuanto a cantidades se habla, podemos desagrupar a la cantidad 234 en 2 centenas, 3 decenas y 4 unidades y reagruparla para formar la misma cantidad, 234.

Rebaja: Hacer una **rebaja** o disminución en los precios o en la cantidad de algo. Ejemplo: En el supermercado rebajaron los precios del arroz y el aceite. **Véase descuento.**

r

Recargo: Cantidad adicional agregada a una cantidad establecida; generalmente se expresa en tanto por ciento (%). **Por ejemplo,** a 50 realiza un recargo del 50%, por lo tanto el nuevo valor de esta es 75.

Recíprocos: *Etim. Del latín "reciprŏcus", en correspondencia de uno a otro.* Son dos números cuyos productos es igual a uno. Por ejemplo: $\frac{3}{6}$ y $\frac{6}{3}$ ya que $\frac{3}{6}$ x $\frac{6}{3} = \frac{18}{18} = 1$

Recolectar datos: *Etim. Del latín "recollectum", "recolligĕre", recoger y de "datum", lo que se da.* Adquirir información y datos importantes y relevantes al realizar un estudio determinado. Se pueden obtener por diferentes medios, puede ser por entrevista, encuestas, etc.

Recta: *Etim. Del latín "rectus", que no se inclina.* Sucesión continua e indefinida de puntos en una misma dirección y por tanto con una sola dimensión: longitud. Una **recta** se considera ilimitada en ambos sentidos.

Rectas alabeadas: En geometría se denominan **rectas alabeadas** a las que no son paralelas ni se intersecan en el espacio. Esto equivale a decir que no pertenecen al mismo plano.

Rectas coplanares: Son aquellas que se encuentran en un mismo plano.

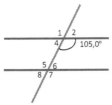

Recta exterior: *Etim. de Exterior. Del latín "exterior", "ōris", por fuera.* Es aquella en la que la línea y la circunferencia no tienen ningún punto en común. Véase recta tangente.

Recta horizontal: *Etim. de Horizontal. Etim. Del latín "horĭzon", "ontis", y este del griego "ὁρίζων", "οντος".* Es una recta paralela al plano horizontal de proyección o plano paralelo a la superficie de aguas tranquilas; su proyección vertical o sobre un plano vertical a la tierra es paralela a la línea de tierra, porque todos sus puntos se encuentran a igual altura del plano horizontal de proyección tomado como referencia.

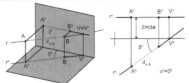

Recta inclinada: *Etim. de Inclinada. Del latín "inclināre", apartar de su posición.* Es una recta que no es horizontal ni es vertical con relación a un determinado sistema de referencia. Por ejemplo, en un plano cartesiano cualquier recta no paralela a ninguno de los ejes se considera inclinada.

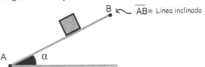

Fig. Plano inclinado con recta inclinada

Recta interior: *Etim. de Interior. Del latín "interior", "ōris".* Conocida como la recta que divide a la circunferencia en dos partes. Véase recta secante.

Recta numérica: *Etim. de Numérica. Del latín "numericus", perteneciente a los números.* La **recta numérica** es una representación geométrica del conjunto de los números reales. Tienen su origen en el cero y se extiende en ambas direcciones. Los positivos en un sentido (normalmente a la derecha) y los negativos en el otro (normalmente a la izquierda).

Rectas oblicuas: *Etim. de Oblicuas. Del latín "obliquus",* *sesgado, inclinado.* Son aquellas rectas que al intersecarse no forman ángulos rectos.

Rectas paralelas: *Etim. de Paralelas. Del latín* *"parallēlos", y este del griego " παράλληλος".* Son rectas coplanares que por más que se prolonguen nunca llegan a intersecarse.

Rectas perpendiculares: *Etim. de Perpendiculares. Del* *latín "perpendiculāris", de una línea o de un plano.* Son aquellas que se intersecan formando ángulos rectos.

Recta secante: *Etim. de Secante. Del latín "secans",* *"antis", que corta.* Son aquellas que se intersecan en un punto. También es la recta que corta a la circunferencia en dos puntos. **Compárese con recta transversal.**

Recta tangente: *Etim. de Tangente. Del latín* *"tangens", "entis", que toca.* También llamada recta exterior. Es la que toca a la circunferencia en un solo punto. **Véase recta exterior.**

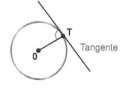

Tangente

Recta transversal: Recta que interseca a dos o más líneas paralelas. Compárese con recta secante.

Recta vertical: *Etim. de Vertical. Del latín "verticālis".* Es una recta perpendicular a un plano horizontal.

Rectángulo: *Etim. Del latín "rectangŭlus".* Paralelogramo que tiene los cuatro ángulos rectos y los lados contiguos desiguales. Compárese con cuadrado. Véase triangulo rectángulo.

Rédito: *Etim. Del latín "redĭtus", renta.* Es el rendimiento o utilidad generado por un capital representando un tanto por ciento (%). En esta definición no se considera el factor temporal, es decir, en cuánto tiempo se ha generado ese rendimiento. La medida que toma en cuenta el tiempo es la tasa de interés (i), definida como el **rédito** por unidad de tiempo. **Véase interés.**

Redondear: Es el proceso mediante el cual se eliminan decimales poco significativos a un número decimal. Las reglas de redondeo se aplican al decimal situado en la siguiente posición al número de decimales que se quiere transformar; por ejemplo, si tenemos un número de tres decimales y queremos **redondear** a dos, se aplicarán las siguientes reglas: Dígito menor que 5: si el siguiente decimal es menor que 5, el anterior no se modifica. **Ejemplo:** 12.612. Redondeando a 2 decimales debemos tener en cuenta el tercer decimal: 12.612=**12.61** Dígito mayor o igual a 5: Si el siguiente decimal es mayor o igual a 5, el anterior se incrementa en una unidad. **Ejemplo:** 12.618: Redondeando a 2 decimales debemos tener en cuenta el tercer decimal: 12.618=**12.62**. **Ejemplo:** 12.615: Redondeando a 2 cifras decimales debemos tener en cuenta el tercer decimal: 12.615=**12.62**

Reducir: *Del latín "reducĕre", disminuir o aminorar.* Disminuir o limitar ya sea una figura, cantidades o ecuaciones en tamaño, extensión o importancia.

$$6\frac{2}{4} - 2\frac{1}{4} = \frac{26}{4} - \frac{9}{4} = \frac{17}{4} = 4\frac{1}{4}$$

Región: *Etim. Del latín "regĭo", "ŏnis".* Se refiere a una superficie limitada por una línea simple cerrada.

Registro de datos: *Etim. Del latín "regestum", "regesta", "orum" y de "datum", lo que se da.* Resumen y ordenamiento de los datos de un estudio obtenidos mediante observaciones, mediciones, aplicaciones de encuestas, entrevistas, etc., que posteriormente serán objeto de análisis; por lo general se presentan en una tabla.

	ESPAÑOL	MATEMÁTICAS	C. NATURALES	HISTORIA	GEOGRAFÍA	EDU. CIVIL
GRUPO "A"	7.8	7.1	7.3	7.3	7.4	7.6
GRUPO "B"	7.9	7.9	7.9	7.8	7.8	8.9
PROMEDIO	7.8	7.5	7.3	7.5	7.6	8.2

Registro de preferencia: *Etim. de Preferencia. Del latín "praefĕrens", "entis", "praeferre", preferir.* Es cuando se realiza un registro de los datos resultados del muestreo realizado; de igual forma se realiza en una tabla. **Véase** registro de datos.

Regla: *Etim. Del latín "regŭla".* Instrumento de madera, metal u otra materia rígida, por lo común delgada , de forma rectangular y con una escala métrica incorporada, que sirve principalmente para trazar líneas rectas, o medir la distancia entre dos puntos.

Reglas de divisibilidad: *Etim. Del latín "regŭla" y de "divisibĭlis", normas para dividir.* Son criterios que tomamos en cuenta para determinar si un número es divisible entre otro sin la necesidad de realizar una división. Por ejemplo, en la regla se divisibilidad por 5, se establece que si la cantidad termina en 0 o en 5, la cantidad es divisible del 5. La cantidad 85 es divisible entre 5, en cambio el 84 no lo es.

Regla de tres compuesta: *Etim. de Tres compuesta. Del latín "tres" y de "composĭtus", "componĕre", componer.* Es un procedimiento que se sigue para hallar un término desconocido entre cantidades que forman proporciones entre tres o más magnitudes relacionadas directa y /o inversamente proporcionales entre sí. Los problemas de **regla de tres compuestas** están formados en realidad por varios problemas de regla de tres simples; para resolver este tipo de problemas primero se ordenan los datos conocidos y el desconocido con encabezamientos por magnitud; a continuación se relaciona la magnitud que tiene la incógnita con la otras magnitudes y se determina si son directa o si son inversamente proporcionales, suponiendo en cada caso que las demás son constantes.

Podemos distinguir tres casos de **reglas de tres compuestas:**

1.- Regla de tres compuesta directa:

$$A_1 \xrightarrow{D} B_1 \xrightarrow{D} C_1 \xrightarrow{D} D \left.\begin{array}{c}\\\\\end{array}\right\} \quad \frac{A_1}{A_2} = \frac{B_1}{B_2} = \frac{C_1}{C_2} = \frac{D}{X}$$

$$A_2 \longrightarrow B_2 \longrightarrow C_2 \longrightarrow X$$

$$X = \frac{A_2 \cdot B_2 \cdot C_2 \cdot D}{A_1 \cdot B_1 \cdot C_1}$$

r

Ejemplo: Nueve grifos abiertos durante 10 horas diarias han consumido una cantidad de agua por valor de $ 20.

Averiguar el precio del vertido de 15 grifos abiertos 12 horas durante los mismos días.

A más grifos, **más pesos** $\longrightarrow$ Directa.

A más horas, **más pesos** $\longrightarrow$ Directa.

9 grifos $\xrightarrow{D}$ 10 horas $\xrightarrow{D}$ $ 20

15 grifos $\longrightarrow$ 12 horas $\longrightarrow$ x $

$$\frac{9}{15} \cdot \frac{10}{12} = \frac{20}{X} \qquad \frac{90}{180} = \frac{20}{X}$$

$$\frac{20 \cdot 180}{90}$$

2.- Regla de tres compuesta inversa:

$$A_1 \xrightarrow{I} B_1 \xrightarrow{I} C_1 \xrightarrow{I} D \atop A_2 \longrightarrow B_2 \longrightarrow C_2 \longrightarrow X \Bigg\} \quad \frac{A_2}{A_1} = \frac{B_2}{B_1} = \frac{C_2}{C_1} = \frac{D}{X}$$

$$X = \frac{A_1 \cdot B_1 \cdot C_1 \cdot D}{A_2 \cdot B_2 \cdot C_2}$$

Ejemplo: 5 obreros trabajando 6 horas diarias construyen un muro en 2 días. ¿Cuánto tardarán 4 obreros trabajando 7 horas diarias?

A **menos** obreros, **más** días ⟶ **Inversa.**

A **más** horas, **menos** días ⟶ **Inversa.**

5 obreros $\xrightarrow{I}$ 6 horas $\xrightarrow{I}$ 2 días

4 obreros ⟶ 7 horas ⟶ x días

$$\frac{4}{5} \cdot \frac{7}{6} = \frac{2}{X} \qquad \frac{28}{30} = \frac{2}{X} \quad X = 2.14 \text{ días}$$

3.- Regla de tres compuesta mixta:

$$A_1 \xrightarrow{D} B_1 \xrightarrow{I} C_1 \xrightarrow{D} D \atop A_2 \longrightarrow B_2 \longrightarrow C_2 \longrightarrow X \Bigg\} \quad \frac{A_1}{A_2} = \frac{B_2}{B_1} = \frac{C_1}{C_2} = \frac{D}{X}$$

$$X = \frac{A_2 \cdot B_1 \cdot C_2 \cdot D}{A_1 \cdot B_2 \cdot C_1}$$

Ejemplo: Si 8 obreros realizan en 9 días trabajando a razón de 6 horas por día un muro de 30 m. ¿Cuántos días necesitarán 10 obreros trabajando 8 horas diarias para realizar los 50 m de muro que faltan?

A **más** obreros, **menos** días ⟶ **Inversa.**

A **más** horas, **menos** días ⟶ **Inversa.**

A **más** metros, **más** días ⟶ **Directa.**

8 obreros $\xrightarrow{I}$ 9 días $\xrightarrow{I}$ 6 horas $\xrightarrow{D}$ 30 m

10 obreros ⟶ x días ⟶ 8 horas ⟶ 50 m

$$\frac{10}{8} \cdot \frac{8}{6} \cdot \frac{30}{50} = \frac{9}{X} \qquad 1 = \frac{9}{X} \qquad X = 9$$

Regla de tres simple directa: *Etim. de Simple directa. Del latín "simple", "simplus", y de "directus", "dirigěre", dirigir.* Es un método para hallar una cantidad que forma una proporción con otras cantidades conocidas de dos magnitudes directamente proporcionales. Es equivalente a resolver el problema de hallar la cuarta proporcional, es decir, de los cuatro términos de una proporción se desconoce uno de ellos. Para esto se ordenan los valores conocidos y el término desconocido en columnas atendiendo a su magnitud, luego se forma la proporción y finalmente se halla la incógnita, así **por ejemplo:** si 20 bolsas de cemento tienen un peso de 900 kilogramos, ¿cuánto pesarán 15 de esas mismas bolsas?

1) Ordenamos los datos:

No de bolsas		peso en Kg.
20	⟶	900
15	⟶	x

2) Formamos la proporción: Aquí: $\dfrac{20}{15} = \dfrac{900}{x}$

3) Hallamos la incógnita: Aquí: $x = \dfrac{15 \cdot 900}{20} = 675$

Quiere decir que las 15 bolsas tienen un peso de 675 Kg.

Regla de tres simple inversa: *Etim. de Inversa. Del latín "inversus".* Es un método para hallar una cantidad desconocida que forma una proporción inversa con otras cantidades conocidas entre dos magnitudes inversamente proporcionales. Como dos magnitudes son inversamente proporcionales si están ligadas por un producto constante, para la solución de este tipo de problemas, primero se ordenan los datos conocidos y el desconocido atendiendo a sus magnitudes, luego igualamos los productos correspondientes, ya que este producto es constante por ser magnitudes relacionadas en forma inversa y finalmente resolvemos la ecuación. **Ejemplo:** si 12 obreros realizan una obra en 36 días, ¿cuántos obreros, trabajando en igualdad de condiciones, se requieren para terminar la misma obra en 24 días?

1) Ordenamos los datos:

No. de obreros		tiempo en días
12	⟶	36
x	⟶	24

2) Igualamos los productos: 12 x 36 = X(24)

3) Resolvemos la ecuación: $x = \dfrac{12 \cdot 36}{24} = 18$ Quiere decir que se requieren 18 obreros para terminar la misma obra en 18 días.

Relación: *Etim. Del latín "relatĭo", "ōnis", conexión.* Propiedad que permite comparar los elementos de un conjunto. Por ejemplo, la relación de igualdad, desigualdad, mayor que, menos que, etc.

Relación de orden: *Etim. de Orden. Del latín "ordo", "ĭnis", colocación donde corresponde.* Propiedad con la cual podemos relacionar las cantidades para determinar cuándo una cantidad es mayor, menor o igual que otra, según sea su valor. Por ejemplo, el 25 es mayor que el 12.

Relación lineal: Se dice que dos variables o magnitudes están en relación lineal cuando, manteniendo constantes el resto de las variables, el aumento o disminución de una de ellas implica un aumento o disminución proporcional en la otra, de forma que su cociente es constante, es decir si una se dobla, la otra también se dobla, y si una se disminuye a la mitad la otra también disminuye a la mitad, y en general si una varía en un factor k, la otra también varía en el mismo factor. Por ejemplo, la aceleración de una masa está en relación lineal con la fuerza porque la ecuación que liga ambas es f= m * a, de tal forma que, si mantenemos m constante, y la fuerza se multiplica por k, entonces la aceleración también se multiplica por k.

Relación matemática: *Etim. de Matemática. Del latín "mathematĭca", y este del griego "τὰ μαθηματικά", "μάθημα", conocimiento.* Es una ley de correspondencia que liga los elementos de dos conjuntos que forman parejas ordenadas. Por ejemplo, $x^2 + y^2 = 25$, donde x y y pertenecen al conjunto de los números reales.

Reloj: Aparato o instrumento que sirve para medir el paso del tiempo. Esta función se lleva a cabo en forma cíclica, por lo tanto, cada 24 o 12 horas se reinicia el conteo del tiempo.

Reloj analógico: *Etim. De Analógico. Del griego "ἀναλογικός", instrumento de medida.* Este tipo de reloj es el que mide el tiempo de forma continua. Cuenta con manecillas que marcan segundos y minutos transcurridos; se encuentra dividido en 12 proporciones.

Reloj digital: *Etim. de Digital. Del latín "digitālis", dígitos.* Este tipo de reloj indica el tiempo transcurrido por medio de números en una pantalla. A este reloj se le puede condicionar la hora para marcarla a.m., p.m. o en formato de 24 hrs.

Reparto: Referente a la distribución de una cantidad estimada entre los integrantes de un conjunto o en cierta cantidad de partes. Podemos hablar del **reparto** equitativo, y este dice que es la división equitativa de cierta cantidad entre los integrantes de un grupo de forma que a todos les corresponda la misma porción.

Representación numérica: *Etim. Del latín "repraesentāre" y de "numerĭcus".* Es la escritura de elementos numéricos, basados o limitados a un sistema de numeración.

Representación de fracciones o racionales en la recta numérica: *Etim. de Fracciones. Del latín "fractĭo", "ōnis".* Para representar un fraccionario o un racional en la recta numérica se procede así:

1.- Representamos en la recta numérica los enteros necesarios.

2.- Se divide cada unidad en partes iguales como lo indique el denominador.

3.- Se toman tantas partes como indica el numerador de la fracción, se marca un punto en la última de ellas y este representa la fracción.

Ejemplo: Representa en la recta numérica los siguientes números racionales:

Soluciones:

$$\frac{4}{3} \qquad \frac{8}{3} \qquad \frac{-2}{3} \qquad \frac{-7}{3}$$

Generalizando el procedimiento descrito anteriormente, se puede representar cualquier número racional en la recta numérica.

Residuo: *Etim. Del latín "residŭum".* Sobrante o resto. Nos referimos a él como el sobrante de una división no exacta. Se entiende que es el sobrante en una repartición equitativa de elementos. Este lo podemos obtener de realizar una división sin obtener decimales y dejar el

resultado en enteros. Por ejemplo, repartir 17 vacas en 5 establos; al realizar la división con el algoritmo convencional obtenemos que nuestro residuo es 2; de igual forma si lo realizamos gráficamente, obtenemos el mismo resultado.

$$\begin{array}{r|l} 17 & 5 \\ 15 & 3 \\ \hline 02 & \longrightarrow \text{Residuo} \end{array}$$

residuo

Residuo parcial: *Etim. de Parcial. Del latín "partiālis", una parte.* Parte del residuo que va quedando de una división, pero que no es el definitivo o no es el residuo final.

Resolver: *Etim. Del latín "resolvĕre"; de re, y "solvĕre", soltar, desatar.* Encontrar la solución a un problema, situación, duda o dificultad. En este se busca una incógnita, que por general está situada en el planteamiento del problema, es importante el análisis y razonamiento ya que será de utilidad a la hora de la resolución. Por ejemplo, en el siguiente planteamiento, Mary compró 6 canicas, Pedro compró el doble de canicas que Mary y Gaby tiene 5 canicas más que Pedro, ¿Cuántas canicas tienen cada uno de los niños? El problema se puede **resolver** con diferentes procedimientos, así de simples o con representaciones graficas.

- Mary= 6   = 6
- Pedro = 2(6) = 12
- Gaby= 5+ 2(6) = 17

Resta: *Etim. Del latín "restis", cuerda.* Nos referimos a ella como la operación contraria a la adición, es una sustracción. **Restar** es quitar, disminuir o sustraer. Los términos de la **resta** son el minuendo, el sustraendo y la diferencia o **resta**. Por ejemplo, en la resta 28-15= 13, podemos leer que el 28 es 13 unidades mayor que 15 o a la inversa que el 15 es 13 unidades menor que el 28.

Aquí 28 es el minuendo, 15 es el sustraendo y 13 es la diferencia.

Resta abreviada: Véase resta sucesiva.

Resta de decimales: Para restar en forma decimal se colocan los números de modo que las comas estén encolumnadas. Luego se restan como si fueran números naturales, poniendo la coma en el resultado en su columna correspondiente. Ejemplo:

$$65,32 - 43,2 =$$
$$\begin{array}{r} 65,32 \\ -\ 43,2 \\ \hline 22,12 \end{array}$$

Resta de fracciones: Es la diferencia que se encuentra entre dos fracciones. El procedimiento que se sigue para **restar fracciones** es el mismo que el de la suma; en general, para restar dos fracciones se aplica el siguiente algoritmo: $\frac{a}{b} - \frac{c}{d} = \frac{(ad-cb)}{bd}$. Así **por ejemplo:**

$$\frac{6}{7} - \frac{4}{9} = \frac{(6x9-7x4)}{7x9} = \frac{(54-28)}{63} = \frac{26}{63}$$

Siendo estas mixtas quiere decir que nos encontramos con un entero y la fracción. Debemos de reducir la fracción a fracción simple, buscar el mínimo común divisor de los denominadores y realizar el procedimiento que se realiza al sumar fracciones. **Véase suma de fracciones.**

Resta prestando: *Etim. de Prestando. Del latín "praestāre", dar algo.* Caso de resta que se aplica cuando el número de un determinado orden de las unidades, decenas, centenas, etc., del minuendo es menor que el del correspondiente orden del sustraendo; se procede entonces a tomar prestado una unidad del orden superior y sumarla a la del orden inferior y así se procede a restar. Por ejemplo, en la resta 251 – 198; en este caso la unidad superior 1 no le es posible restar 8 por lo tanto las 5 decenas le prestan una al 1 pasa a convertirse en 11 y ahora se puede realizar la resta; esto sucede sucesivamente si la cantidad superior no permite restar a la inferior.

$$\begin{array}{r} 251 \quad \longleftarrow \text{Minuendo} \\ -\ 198 \quad \longleftarrow \text{Sustraendo} \\ \hline 053 \quad \longleftarrow \text{Diferencia} \end{array}$$

Véase desagrupar.

Resta sucesiva: *Etim. de Sucesiva. Del latín "successīvus", que sigue a otra.* Esta resta se lleva a cabo cuando la operación se repite las veces necesarias hasta que la diferencia o resultado quede menor que el sustraendo o en cero. Por ejemplo, 15-2= 13; a este resultado le seguimos restando el sustraendo 13-2= 11; 11-2= 9; 9-2= 7; 7-2= 5; 5-2= 3; 3-2=1, es aquí cuando se termina la resta. **Véase división.**

Resultado: *Etim. Del latín "resultāre".* Solución de una operación o de un problema. En las operaciones de adición, sustracción, multiplicación y división, sus resultados se llaman respectivamente: suma, diferencia, producto y cociente.

Rombo: *Etim. Del latín "rhombus", y este del griego "ρόμβος".* Es un cuadrilátero paralelogramo no rectángulo. Sus cuatro lados son de igual longitud y los lados opuestos son paralelos. Sus ángulos interiores opuestos son iguales.

Una característica importante de los **rombos** es que sus diagonales son perpendiculares.

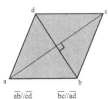

ab//cd   bc//ad

Romboide: *Etim. Del griego "ρομβοειδής"; de "ρόμβος", rombo, y "είδος", forma.* El romboide es un paralelogramo cuyos ángulos tienen la misma amplitud que el ángulo opuesto y la longitud de sus lados es la misma del lado opuesto. En un **romboide** las diagonales no son perpendiculares.

Rotación: *Etim. Del latín "rotatĭo", "ōnis".* Es el movimiento que un cuerpo realiza sobre su propio eje. Por ejemplo, el planeta Tierra realiza su movimiento de rotación sobre su propio eje.

s

Secante: *Etim. Del latín "secans", "antis", que corta.* Líneas o superficies que cortan a otras líneas o superficies. Recta que corta un arco en dos puntos. Véase recta secante.

Secuencia: *Etim. Del latín "sequentĭa", continuación; de "sequi", seguir.* Sucesión ordenada de números que guardan una relación entre sí con el número anterior y sucesor. La relación que existe entre ellas se puede establecer por medio de operaciones como sumas, restas, multiplicaciones, etc. Por ejemplo, en la siguiente **secuencia** de números 3,5,7,9,11 la relación entre ellos es que aumentan en dos respecto al número anterior; en la **secuencia** 2,7,3,9,4,12,5 la relación entre ellos es que se parte del número dos el siguiente es el número dos multiplicado por tres y el tercer número es que le sigue al dos en orden ascendente de uno en uno y así sucesivamente.

Segmento: *Etim. Del latín "segmentum", porción o parte.* Parte o porción de una línea recta limitada por dos puntos (extremos); los **segmentos** se denominan por las letras de sus **segmentos** o por una letra minúscula. Por ejemplo, el **segmento** "AB" o el **segmento** "a"; parte del círculo que se encuentra comprendida entre un arco y su cuerda.

Segmento unitario: *Etim. de Unitario. Del latín "unĭtas", unidad.* Segmento que tiene por medida una unidad, pudiendo ser ésta unidad 1 cm, 1 m, etc.

Segundo (s): *Etim. Del lat. secundus, que sigue ó en orden al primero.* Elemento que ocupa la segunda posición en una serie ordenada. Unidad de básica de medida de tiempo perteneciente al SI. Cada una de las 60 partes en que se divide un minuto; una hora tiene 3.600 segundos. Unidad de medida de la amplitud angular ("). Un minuto angular equivale a 60 segundos angulares; si requiere de mayor exactitud se utilizan las partes decimales de los segundos (decimas, centésimas de segundo, etc.).

Semana: *Etim. Del latín "septimǎna", serie de siete días.* Unidad de medida de tiempo que equivale a 7 días. Una semana inicia el día lunes y finaliza el día domingo. También se puede considerar una semana como 7 días consecutivos iniciando cualquier día (no precisamente lunes).

Semejante: Geométricamente, cuando los ángulos correspondientes de dos figuras son los mismos y sus lados correspondientes son proporcionales. En una expresión algebraica, cuando dos o más términos tienen las mismas literales y exponentes.

$$a+b \qquad b+a$$

Semicírculo: *Etim. Del latín "semicircŭlus".* La mitad de un círculo. Cada una de las partes limitadas por el diámetro y la mitad de la circunferencia. Cada una de las dos partes en que divide el diámetro a un círculo.

Semicircunferencia: La mitad de una circunferencia. Cada uno de los dos arcos iguales en que se divide una circunferencia y que están separadas por el diámetro.

Semiperímetro: Corresponde a la mitad del perímetro de una figura cualquiera geométrica. Véase perímetro.

Semirrecta: Porción en que se divide una línea recta y que inicia en un primer punto u origen y que se extiende infinitamente en el otro sentido. Una **semirrecta** se denota por letras mayúsculas: una que representa el origen y otra que representa cualquier punto de la **semirrecta**, sobre ellas una flecha con un círculo en un extremo y una cabeza de flecha en el otro. Véase rayo.

AB SEMIRRECTA

SEMIRRECTAS 0A Y 0B

Seriación ascendente: *Etim. Del latín "seriēs" y "ascendens", "entis".* Serie numérica que es generada desde un número menor hasta uno mayor; es decir, los valores de la serie aumentan. Por ejemplo, en la serie 3, 6, 9, 12, 15... se observa claramente como aumentan los valores de la serie de 3 hasta 15.

Seriación descendente: *Etim. de Descendente. Del latín "descendĕre".* Serie numérica que es generada desde un número mayor hasta uno menor; es decir, los valores de la serie disminuyen. Por ejemplo, en la serie 12, 10, 8, 6, 4... se observa claramente como disminuyen los valores de la serie de 12 hasta 4.

Serie: Véase serie numérica.

Serie aritmética: *Etim. Del latín "seriēs" y del griego "arith-mos", número, y "tejne", ciencia.* Serie de números que siguen una regla general o bien se adecúan a un patrón. La mayoría de las veces son series y sucesiones sencillas que se pueden trabajar por fórmulas y sólo involucran sumas y restas. Suma indicada de todos los términos de una **serie aritmética**. Ejemplo:

$$1 + 2 + 3 + \ldots + 100$$

La fórmula general para una **serie aritmética** es:

$$\begin{aligned}
S_n &= a_1 + a_2 + a_3 + \ldots + a_n \\
&= a_1 + (a_1 + d) + (a_1 + 2d) + \ldots + [a_1 + (n-1)d] \\
&= n(a_1 + a_n)/2 \\
&= n[2a_1 + (n-1)d]/2
\end{aligned}$$

En el **ejemplo**, el primer término, a_1, es 1, y el último término, a_{100}, es 100. Utilizando la fórmula, la suma = $100(1+100)/2 = 5050$.

Serie geométrica: *Etim. de Geométrica. Del griego "geos" que significa tierra y "metron" que significa medida.* Serie de números que siguen una regla general o bien se adecúan a un patrón. La mayoría de las veces son series y sucesiones sencillas que se pueden trabajar por fórmulas y sólo involucran multiplicaciones y divisiones. Una **serie geométrica** es una serie en la cual cada término se obtiene multiplicando el anterior por una constante llamada razón. Ejemplo (con constante $\frac{1}{2}$):

$$1 + \frac{1}{2} + \frac{1}{4} + \frac{1}{8} + \frac{1}{16} + \ldots = \sum_{n=0}^{\infty} \frac{1}{2^n}$$

Serie numérica: *Etim. de Numérica. Del latín "numericus".* Sucesión ordenada de números que guardan una determinada secuencia o patrón, lo que permite determinar valores anteriores y posteriores a un número. Las series numéricas son parte importante del análisis matemático. Son útiles en la matemática recreativa para ejercitar o desarrollar el pensamiento matemático. Por ejemplo, en la serie 5, 10, 15, 20, que es generada sumando 5 unidades al número anterior; 15,13,11,9, que es generada restando 2 unidades al número anterior. Compárese con sucesión.

Sextuplicar: *Del latín "sextus", sexto, y "plicāre", doblar.* Proceso que incrementa seis veces un número o cantidad. Para **sextuplicar** un número se multiplica por 6. Por ejemplo, al **sextuplicar** el número 7 obtenemos el número 42, porque 7 x 6 = 42.

Séxtuplo ó séxtuple: Número o cantidad que es seis veces mayor que otro. Para obtener el **séxtuplo** de un número lo multiplicamos por 6. Por ejemplo, el **séxtuplo** de 8 es 48 porque 8 x 6 = 48 (48 es 6 veces mayor que 8).

SI: Iniciales del Sistema Internacional de Unidades, establecido en 1960 por la Conferencia General de Pesos y Medidas. Véase Sistema Internacional de Unidades.

Siglo ó Centuria: *Etim. Del latín "saecŭlum", período de cien años.* Unidad de medida de tiempo, equivalente a 100 años, 20 lustros, etc. En nuestro calendario los siglos iniciaron en el **siglo** I. Para indicar los **siglos** se utilizan generalmente los números romanos. Por ejemplo, los siglos 15, 18 y 20, se escriben XV, XVIII y XX respectivamente. Véase lámina didáctica numeración maya, romana y egipcia.

Signo de operación: *Del latín "signum" y "operatĭo", "ōnis".* Símbolo utilizado para determinar el tipo de operación matemática que se debe realizar. Por ejemplo, si deseamos sumar utilizamos el signo (+), si debemos restar utilizamos el signo (-), para multiplicar (x), dividir (÷), fracciones (—), radiación (√), etc.

Símbolo matemático: *Del latín "simbŏlum", y este del griego "σύμβολον", del latín "mathematĭca", y este del griego "τὰ μαθηματικά", "μάθημα", conocimiento.* Imagen o símbolo adoptado de forma general que representan operaciones, relaciones y entidades matemáticas. Por ejemplo, el símbolo de igualdad (=), sumatoria (∑), el símbolo de pi (π), de porcentaje (%), mayor (>), etc.

Simetría: *Etim. Del latín "symmetrĭa", y este del griego "συμμετρία".* Propiedad que posee una figura y que se caracteriza por tener mitades idénticas y opuestas. La línea divisora entre partes idénticas se conoce como eje de **simetría**; una figura puede contener más de un eje de simetría. Véase eje de simetría.

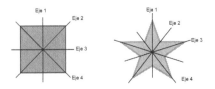

Simétrico (a): *Etim. Del griego "συμμετρικός", de simétrica.* Adjetivo que se le da a una figura que posee simetría.

Simetría Axial: *Etim.de Axial. Del francés" axial", eje.* La **simetría axial**, en geometría, es una transformación respecto de un eje de simetría, en la cual, a cada punto de una figura se asocia a otro punto llamado imagen, que cumple con las siguientes condiciones: a) La distancia de un punto y su imagen al eje de simetría, es la misma. b) El segmento que une un punto con su imagen, es perpendicular al eje de simetría.

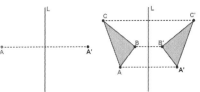

Simetría axial del punto A.   Simetría axial de un Triangulo.

En la **simetría axial** se conservan las distancias pero no el sentido de los ángulos. El eje de simetría es la mediatriz del segmento AA'. Véase eje de simetría y simetría.

Simetría reflexiva ó simetría lineal: *Etim. de Reflexiva. Del latín "reflexum", "reflectĕre", volver hacia atrás.* Se dice que una forma tiene **simetría reflexiva** si al dividirla en dos, las dos mitades tienen la misma forma. Esto también se llama **simetría lineal**. La *línea* en este caso es la línea que lo divide en dos partes iguales y correspondientes. Esta línea de simetría también se conoce como el eje de simetría. Algunas formas tienen más de una línea o eje de

S

simetría. Un cuadrado, por ejemplo, tiene cuatro líneas de simetría, pero un rectángulo solamente tiene dos.

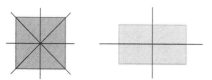

como órdenes y de forma análoga, las subórdenes.

Enteros							Decimales				
C. DE MILLAR	D. DE MILLAR	U. DE MILLAR	CENTENAS	DECENAS	UNIDADES	PUNTO DECIMAL	DÉCIMOS	CENTÉSIMOS	MILÉSIMOS	DIEZMILÉSIMOS	CIENMILÉSIMOS	MILLONÉSIMOS
100 000	10 000	1 000	100	10	1	.	$\frac{1}{10}$	$\frac{1}{100}$	$\frac{1}{1000}$	$\frac{1}{10000}$	$\frac{1}{100000}$	$\frac{1}{1000000}$

Simplificar una fracción: *Etim. de Fracción. Del latín "fractĭo", "ōnis".* Operación que convierte una fracción en otra equivalente más simple o canónica. Consiste en dividir tanto el numerador como el denominador por un mismo número del cual se obtengan divisiones exactas, tantas veces y por tantos números como sea posible. Por ejemplo, para simplificar la fracción 120/200 primero la dividimos entre 2 porque el numerador y denominador tienen mitad, así obtenemos 60/100; nuevamente entre 2 y obtenemos 30/50; ahora dividimos entre 10 y obtenemos 3/5 que es la fracción canónica (que ya no puede ser simplificada); en el ejemplo anterior empezamos dividiendo por 2 pero se pudo iniciar por 10. Se recomienda seguir un orden de menor a mayor es decir dividir por 2, 3, 4, 5... como sea posible.

Sistema de numeración: *Etim. de Numeración. Del latín "numeratĭo", "ōnis".* Conjunto de principios, reglas y símbolos que rigen la forma de expresar de forma escrita o verbal una cantidad. Por ejemplo, el sistema de numeración maya, romano, decimal, binario, etc.

Sistema de numeración binario o de base 2: *Etim. de Binario. Del latín "binarĭus".* Sistema posicional que utiliza solo dos dígitos, el 0 y el 1, y agrupaciones de potencia de 2 para representar cualquier cantidad. El valor de cada posición representa el de una potencia de base 2, con un exponente igual al número de la posición menos 1.Es de especial importancia en el manejo de datos e información en las computadoras. Por ejemplo, para el número 9 en base 2 tenemos que $9_{10}= 1001_2$ porque $1\times2^3 + 0\times2^2+ 0\times2^1+ 1\times2^0 = 8+0+0+1 = 9$.

Sistema de numeración decimal: *Etim. de Decimal. Del latín "decĭmus".* Sistema posicional de base 10 que permite representar cualquier cantidad con los dígitos 0,1,2,3,4,5,6,7,8 y 9. El principio fundamental de este sistema es el agrupamiento de 10 elementos para formar el siguiente grupo; de esta forma, con 10 unidades formamos una decena, con 10 decenas una centena, con 10 centenas un millar, etc., formando lo que se conoce

Sistema de numeración egipcio: Véase Lámina didáctica Numeración maya, romana y egipcia.

Sistema de numeración maya: Véase Lámina didáctica Numeración maya, romana y egipcia.

Sistema de numeración posicional: *Etim. de Posicional. Del latín "positĭo","ōnis".* Sistema de numeración en el que la posición de un elemento es importante al igual que su valor absoluto. De acuerdo a su posición y base del sistema existe un valor relativo para cada elemento. El valor relativo lo obtenemos multiplicando el valor absoluto por la cantidad de elementos existentes en la posición que ocupa dicho número. Por ejemplo, en el sistema de numeración decimal de base 10 , para el número 67234, el 4 ocupa la primera posición de derecha a izquierda que es el lugar de las unidades; de esta forma, si multiplicamos 4 x 1 obtenemos 4 unidades; para el 3, que ocupa las decenas, 3x10 tenemos 30 unidades o 3 decenas, etc.

Sistema de numeración romano: *Etim. de Romano. Del lat. Romānus, natural de Roma.* Sistema de numeración utilizado por los antiguos romanos, en el que se emplean símbolos para representar cantidades. Los símbolos utilizados son: I para designar una unidad, V para designar 5 unidades, X 10 unidades, L 50, C 100, D 500 y M 1000, además de poder ser utilizadas líneas horizontales para multiplicar por mil, un millón, billón, trillón. Las reglas principales son: si a la derecha de un símbolo se coloca otro de igual o menor valor, se suman (VI = 6, XII =12); si se coloca a la izquierda otro valor menor se resta (IX = 9, XC =90); no se puede repetir el mismo símbolo más de tres veces; si entre dos símbolos cualesquiera aparece una menor ésta se restará a la siguiente (XIX =19, LIV = 54). Es utilizado actualmente para designar a los siglos, capítulos de libros, certámenes deportivos, etc. Véase lámina didáctica numeración maya, romana y egipcia.

No. ROMANO	No. DECIMAL
I	1
V	5
X	10
L	50
C	100
D	500
M	1000

Sistema de unidades: *Etim. de Unidades. Del latín "unĭtas", "ātis".* Conjunto de unidades de medida con reglas y principios establecidos de tal forma, que puedan ser utilizados por diferentes personas para medir cualquier magnitud sin obtener resultados diferentes.

Sistema Internacional de Unidades: Sistema de unidades de medida adoptado para su uso internacionalmente. En él están contenidas unidades básicas y unidades derivadas así como prefijos que permiten trabajar con múltiplos y submúltiplos; las unidades básicas son el metro (m) para medir la longitud, el kilogramo (kg) para la masa, el segundo (s) para el tiempo, el ampere (A) para la intensidad de la corriente, el Kelvin (K) o Celsius (C) para la temperatura, el mol (mol) para la cantidad de sustancia y candela (cd) para la intensidad luminosa; unidades derivadas como la velocidad (m/s), el volumen (m³) son resultado de la combinación de las unidades básicas; los prefijos permiten trabajar con valores mayores o menores dependiendo de las necesidades de la investigación. Además se acepta el uso de otras como el litro, hora, tonelada, minuto, que en ocasiones son múltiplos o submúltiplos decimales y en otros casos no. El SI fue aceptado como sistema internacional por acuerdo inicial de 36 naciones, en la XI Conferencia General de Pesos y Medidas en París, Francia, en 1960.

Sistema Métrico Decimal. El **Sistema Métrico Decimal** es un sistema de unidades en el cual los múltiplos y submúltiplos de una unidad de medida están relacionadas entre sí por múltiplos o submúltiplos de 10. El **Sistema Métrico Decimal** lo utilizamos en la medida de las siguientes magnitudes: Longitud, masa, capacidad, superficie y volumen. Véanse lámina didáctica unidades de medida.

Sólido: *Etim. Del latín "solĭdus".* Figura geométrica con tres dimensiones (largo, ancho y altura) que ocupa un lugar en el espacio y que tiene un volumen definido. Véase cuerpo geométrico.

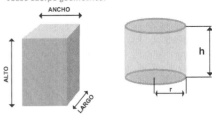

Solución: *Etim. Del latín "solutĭo", "ōnis".* Valor o resultado satisfactorio para una determinada ecuación o problema matemático. Para una ecuación o problema existe la posibilidad de que existan más de una **solución** o incluso no tenerla. Véase conjunto solución.

Subclase: Agrupamiento de tres subórdenes a partir del punto decimal a la derecha para un sistema de numeración posicional. Por ejemplo, la primera **subclase** del sistema de numeración decimal lo forman las décimas, centésimas y milésimas. Por ejemplo, en el número 15.7568 el 756 forma la primera **subclase**.

Subconjunto: Conjunto que a su vez forma parte de otro conjunto. Los elementos de un subconjunto son también elementos del conjunto principal. Por ejemplo, en el conjunto B = {1,2,3,4,5}, un **subconjunto** sería {2,3,5}; {1,3,4};{ 5}; en cambio {3,6} no es un **subconjunto** porque 6 no forma parte del conjunto principal. El conjunto vacío es un **subconjunto** de todo conjunto.

Subgrupo: Grupo que a su vez forma parte de otro grupo. En él están contenidos parte de los elementos de otro grupo (principal). Por ejemplo, en el grupo de los alumnos de un salón, podemos tener los siguientes **subgrupos**: el **subgrupo** de niños, el **subgrupo** de los que su nombre empieza con A, el **subgrupo** de los de mayores calificaciones, etc.

Submúltiplo: *Etim. Del latín "submultĭplus".* Es una unidad de medida cuyo valor es 10, 100, 1000...etc., veces menor que la unidad básica que la identifica. En el Sistema Internacional de medidas se representan, antecediendo a la unidad básica, el prefijo que indica el valor relativo con respecto a ella. Por ejemplo, el milímetro (mm) es un submúltiplo del metro (m), donde el prefijo *mili* indica que es la milésima parte de un metro; el decilitro (dl) es un submúltiplo del litro (l), donde el prefijo *deci* indica que es la decima parte de un litro.

S

Suborden. Para el sistema de numeración posicional, representa cada una de las posiciones a la derecha del punto decimal. Representan la parte decimal del entero. Un suborden aumenta o disminuye si la posición se acerca o aleja del punto decimal respectivamente. Dentro del sistema de numeración decimal, cada posición de los subórdenes tienen un nombre particular; así tenemos que la primera posición se denomina decimas (d), la segunda centésimas (c), la tercera milésimas (m), la cuarta diezmilésimas (dm) etc. y representan 1/10, 1/100, 1/1000, 1/1000 etc. partes del entero respectivamente. Compárese con orden.

Suborden inferior: Suborden con grupos de menor número de elementos que otro. Para el caso del sistema de numeración decimal, un **suborden inferior** se encuentra conforme se aleje del punto decimal (de izquierda a derecha). Por tal motivo un suborden a la derecha de otro es menor. Por ejemplo, las diezmilésimas son de un suborden menor que las milésimas porque se encuentran más lejos del punto decimal, lo que indica que la cantidad de grupos de elementos es menor.

Suborden inmediato inferior: Suborden con grupos de menor cantidad de elementos y que se encuentra en una posición inmediata a otro. En el caso del sistema de numeración decimal, el **suborden inmediato inferior** a otro lo encontramos a su derecha. Por ejemplo, el suborden inmediato inferior de las decenas son las centenas que se encuentran inmediatamente a su derecha, pues mientras las decenas representan grupos de 1/10 elementos, las centenas representan grupos de 1/100 elementos.

Suborden inmediato superior: Suborden con grupos de mayor cantidad de elementos y que se encuentra en una posición inmediata a otro. En el caso del sistema de numeración decimal, el **suborden inmediato superior** a otro lo encontramos a su izquierda. Por ejemplo, el suborden inmediato superior de las milésimas son las centenas que se encuentran inmediatamente a su izquierda, pues mientras las milésimas representan grupos de 1/1000 elementos, las centenas representan grupos de 1/100 elementos.

Suborden superior: Suborden con grupos de mayor número de elementos que otro. Para el caso del sistema de numeración decimal, un **suborden superior** se encuentra conforme se acerque al punto decimal (de derecha a izquierda). Por tal motivo un suborden a la izquierda de otro es mayor. Por ejemplo, las centésimas son de un suborden mayor que las milésimas porque se encuentran más cerca del punto decimal, lo que indica que la cantidad de grupos de elementos es mayor.

Subradical o radicando: *Etim. Del latín "radicāre", echar raíces.* Término que se le da al número que se encuentra dentro del signo radical (√). Término del que se quiere conocer la raíz. **Por ejemplo,** en la radicación $\sqrt[3]{27} = 3$, el **subradical o radicando** es 27, el índice es 3 y la raíz es 3. Véase radicación.

Sucesión: *Etim. Del latín "successĭo", "ōnis", suceder.* Conjuntos ordenados de términos que cumplen una ley determinada. Las sucesiones que tienen un límite se llaman convergente y las que no lo tienen, divergente. También es la ley que determina los términos operaciones o conjunto de operaciones que permiten determinar el patrón o secuencia en una serie numérica. Por ejemplo, la **sucesión** "el cuadrado del número anterior a partir del número 2" permite determinar la serie 2,4,16,256. Compárese con serie numérica.

Sucesión numérica: Una **sucesión numérica** es un conjunto ordenado de números de modo que uno es el primer término, otro el segundo, otro el tercero, y así sucesivamente. Por ejemplo: a) 1,4,7,10...... b)1,1,1 ..... c)2, 4, 6, 8, 10.......

Cuando una sucesión tiene un número fijo de términos decimos que es finita; de otro modo es llamada sucesión infinita; así, la sucesión: 5, 10, 15, 20 y 25 es finita, mientras que el 1, 3, 6....., es infinita. Compárese con serie aritmética y serie numérica.

Sucesor: *Etim. Del latín "successor", "ōris", continuador.* En una serie numérica, se refiere al número que se encuentra después de otro. El sucesor de un número entero dado se obtiene sumándole 1. Por ejemplo, el sucesor de 18 es 19 ya que 18 + 1= 19; el de 7 es 8 ya que 7+1 =8. En el caso de las rectas numéricas de números naturales y enteros, el **sucesor** de un número dado se localiza inmediatamente a su derecha. Compárese con antecesor.

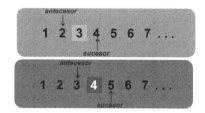

Suma ó Adición: *Etim. Del lat. summa, agregado de muchas cosas.* Operación matemática que consiste en sumar o agregar una cantidad a otra hasta obtener una sola. Las cantidades que intervienen en la **suma** se llaman sumandos y al resultado o cantidad final se le llama **suma** o total.

$$8 + 3 = 11$$

Sumando   Sumando   Suma o total

Compárese con adición.

Suma Abreviada: *Etim. de Abreviada. Del latín "abbreviãre", hacer breve, reducir.* La multiplicación es una suma abreviada donde los sumandos se repiten un determinado número de veces. Véase suma sucesiva y multiplicación.

Suma de fracciones: Hay dos casos a tener en cuenta para sumar fracciones: 1) Fracciones que tienen el mismo denominador; 2) Fracciones que tienen distinto el denominador.

Primer caso: Para sumar fracciones con igual denominador se suman los numeradores y se conserva el mismo denominador. Ejemplo:

$$\frac{7}{5} + \frac{9}{5} = \frac{16}{5}$$

Segundo caso: La suma de dos o más fracciones con distinto denominador se realiza en varios pasos que son:

1.- Se calcula el Mínimo Común Múltiplo de los denominadores.

2.- Dividimos el Mínimo Común Múltiplo obtenido entre cada uno de los denominadores y lo que nos dé lo multiplicamos por el número que haya en el numerador.

3.- Cuando ya tenemos todas las fracciones con el mismo denominador, sumamos los numeradores y dejamos el mismo denominador.

4.- Si podemos simplificamos.

Ejemplo:

$$\frac{3}{5} + \frac{2}{7} = \text{m.c.m.} \ (5 \cdot 7) = 35$$

$$\frac{3}{5} + \frac{2}{7} = \frac{21}{35} + \frac{10}{35} = \frac{31}{35}$$

Suma de decimales: Para sumar decimales se colocan los números de modo que las comas estén encolumnadas. Luego se suman como si fueran números naturales, poniendo la coma en el resultado en su columna correspondiente. Ejemplo:

$$57.52 + 35.1 + 46.29 =$$
$$57.52$$
$$+ \ 35.1$$
$$\underline{46.29}$$
$$\mathbf{138.91}$$

Sumando: *Etim. Del latín "summandus", que acumula o añade.* Nombre que se le da a cada uno de los términos que se suman para obtener un total dentro de una suma o adición. Para la suma de números naturales el signo de los **sumandos** será siempre positivo. En el caso de de los números enteros el signo de los sumandos puede incluir signos negativos.

Suma sucesiva: *Etim. De Sucesiva. Del latín "successîvus", que sucede o sigue a otra.* Operación matemática donde un mismo número es sumado una determinada cantidad de veces consigo mismo. Por ejemplo, 4+4+4+4+4= 20, el número 4 es sumado cinco veces consigo mismo. La multiplicación es la ejemplificación de la **suma sucesiva**, donde el multiplicador indica cuantas veces se debe sumar el multiplicando. Por ejemplo, para el caso anterior tenemos que 4 x 5 = 4+4+4+4+4 = 20. Véase multiplicación.

Superficie: *Etim. Del latín "superficĭes".* Límite ó término de un cuerpo que lo separa y distingue de lo que no es de él. Espacio en el que se consideran solo dos dimensiones (ancho y largo). La medida de una **superficie** es representada por su área. La unidad de medida de la **superficie** en el SI es el metro cuadrado (m^2). Compárese con área.

Superficie curva: *Etim. Del latín "curvus", no recta, que no forma ángulos.* Superficie no plana en la que infinitas rectas se intersecan con ella en dos más puntos sin necesariamente quedar las rectas contenida en la superficie. Tiene tres dimensiones: largo, ancho y profundidad. Compárese con superficie plana.

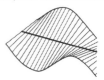

Superficie plana: *Etim. de Plana. Del latín "planus", sin relieves, liso.* Es la que tiene solo dos dimensiones: largo y ancho. Superficie que carece de grosor y que se extiende infinitamente en todas direcciones. Compárese con superficie curva.

Superficie poligonal ó Polígono: *Etim. de Polígono. Del griego "πολύγωνος", porción de plano limitada por líneas rectas.* Superficie formada y delimitada por una línea poligonal cerrada.

Sustracción ó resta: *Etim. Del latín "restis", cuerda.* Nombre con el que también se conoce a la operación matemática de la **resta** que consiste en quitar o disminuir un número llamado sustraendo a otro valor llamado minuendo. El resultado de esta operación se le llama diferencia.

Sustraendo: Segundo de los términos de la resta y que representa el valor o cantidad que se resta a otro. Por ejemplo, en la resta 15 – 8 = 7, el 8 representa al **sustraendo**, el 15 al minuendo y el 7 a la diferencia. Véase resta.

$$8 - 3 = 5$$

Minuendo Sustraendo Diferencia

t

Tabla de doble entrada: Véase cuadrado de doble entrada.

Conceptos				
Indicadores	Muy bien	Bien	Suficiente	Insuficiente
Identifican claramente el tema del concurso	●			
Identifican al emisor y al receptor tipo, en el contexto de la situación comunicativa			●	
Reconocen y describen la relación emisor - receptor.				●
Discriminan las finalidades comunicativas del discurso; esto es, reconocen la finalidad comunicativa específica de la situación.			●	
Caracterizan el contexto de acuerdo al nivel y al estilo del lenguaje empleado.	●			

Fig. Gráfico de doble entrada sobre análisis de comunicación en un grupo de estudiantes.

Tabla de frecuencia: *Etim. de Frecuencia. Del latín "frequentia", repetición.* Ordenación en forma de tabla de los datos estadísticos, asignando a cada dato su frecuencia correspondiente. Véase frecuencia.

NOTAS	FRECUENCIA	FRECUENCIA ACUMULADA
0 – 5 Suspenso	25	25
5 – 7 Aprobado	35	60
7 – 8 Notable	20	80
9 – 10 Sobresaliente	20	100

Fig: Calificaciones o notas de 100 estudiantes de un Colegio.

Tablas de multiplicar: *Etim. de Multiplicar. Del latín "multiplicāre", aumentar.* Tabla que muestra los resultados de la multiplicación de dos números. Amplíese con lámina didáctica tablas de multiplicar.

Tabla de numeración posicional: *Etim. de Numeración posicional. Del latín "numeratio", "ōnis" y "positio", "ōnis", posición, actitud.* Ordenación en forma de tablas de los diferentes sistemas de numeración. Ejemplo: Sistema de numeración maya.

Tabla de Pitágoras: Es una Tabla creada por Pitágoras de Samos, donde recoge las tablas de multiplicar creadas por él mismo.

x	0	1	2	3	4	5	6	7	8	9
0	0	0	0	0	0	0	0	0	0	0
1	0	1	2	3	4	5	6	7	8	9
2	0	2	4	6	8	10	12	14	16	18
3	0	3	6	9	12	15	18	21	24	27
4	0	4	8	12	16	20	24	28	32	36
5	0	5	10	15	20	25	30	35	40	45
6	0	6	12	18	24	30	36	42	48	54
7	0	7	14	21	28	35	42	49	56	63
8	0	8	16	24	32	40	48	56	64	72
9	0	9	18	27	36	45	54	63	72	81

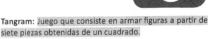

Tabla de registro: *Etim. de Registro. Del latín "regestum", "regesta", "orum", registrar.* Cuadro o tabla donde se registran, por medio de filas o columnas, los datos resultantes de un estudio, investigación aplicada a una determinada población o muestra, haciendo uso de encuestas, mediciones en experimentos, base de datos, etc.

Disponibilidad	4
Demora	23
Trámites	2
Mal trato	8
Ineficiencia	8
Servicio	46
Total	91

Fig: Tabla de registro de calidad en un servicio

Tablas de sumar: *Etim. de Sumar. Del latín "summa", agregado de muchas cosas.* Tabla que muestra los resultados de sumar dos o más números. Amplíese con lámina didáctica tablas de sumar.

Tabla de unidades de equivalencia ó Tabla de equivalencia de unidades: *Etim. Del latín "tabŭla", tabla, de "unĭtas", "ātis", singularidad, y de "aequivălens", "entis", igualdad en el valor.* Ordenación en forma de tablas de los diferentes equivalencias entre unidades de medida, tiempo, longitud.... Véase Lámina de Unidades de Medida.

Tabla de unidades de medida: *Etim. de Unidades de medida. Del latín "unĭtas", "ātis", singularidad, y de "metīri", comparar.* Ordenación en forma de tablas de los diferentes sistemas de unidades de medida. Véase Lámina de Unidades de medida.

Tabla de valores ó Tabla posicional: Véase Caja de Valores.

Tangente: *Etim. Del latín "tangir"; "tangens", "entis", que toca.* En geometría, una recta tangente es aquella que solo tiene un punto en común con una curva o un sector de la curva, es decir, la toca en un solo punto, que se llama punto de tangencia.

Tangram: Juego que consiste en armar figuras a partir de siete piezas obtenidas de un cuadrado.

Fig: Figuras formadas en un Tangram

Tanto por ciento: *Etim. Del latín "tantus", cantidad, y de "centum", cien.* Es el número de partes que se tomaron de un entero, unidad o todo, que se dividió en 100 partes. Se representa con el símbolo %. Véase porcentaje.

30% equivale a 30/100 = 0.30

Tasa de interés: *Etim. de Interés. Del latín "interesse", provecho, interés, ganancia.* Se denomina **tasa de interés** al porcentaje de capital o principal, expresado en centésimas, que se paga por la utilización de éste en una determinada unidad de tiempo (normalmente un año).

Tasa de crecimiento demográfico: *Etim. de Crecimiento demográfico. Del latín "crescĕre", aumentar, y de "demo" y "grafía", estudio estadístico de una colectividad humana.* Es el aumento de la población de un determinado territorio (país, región, provincia, ciudad, municipio, etc.) durante un período determinado, normalmente, un año; expresado generalmente como porcentaje de la población al inicio de cada período o año.

Taza: *Etim. Del árabe hispánico "ṭássa", este del árabe "ṭassah" o "ṭast", y este del persa "tašt", cuenco.* Unidad de medida de volumen no convencional usada en el Sistema Inglés. Dieciseisava parte de un galón.

Temperatura: *Etim. Del latín "temperatūra", grado de calor.* La temperatura es una magnitud física que expresa el grado o nivel de calor de los cuerpos o del medio ambiente. Su unidad en el Sistema Internacional de medidas el grado *Kelvin* (K). El instrumento usado comúnmente para medir la **temperatura** es el termómetro.

Teorema: *Etim. Del latín "theorēma", y este del griego "θεώρημα".* Un **teorema** es una proposición demostrable lógicamente partiendo de axiomas o de otros teoremas ya demostrados, mediante reglas aceptadas. Los **teoremas** están constituidos básicamente por una hipótesis, que es el supuesto de donde se parte para obtener de ello una consecuencia lógica y la tesis que es la proposición que se quiere demostrar. *H si solamente si T"*. Por ejemplo, "*Si un polígono es un triángulo entonces la medidas de los ángulos interiores suman 180°*".

Teorema de Pitágoras: El **Teorema de Pitágoras** establece que en un triángulo rectángulo, el cuadrado de la longitud de la hipotenusa (el lado de mayor longitud del triángulo rectángulo) es igual a la suma de los cuadrados de las longitudes de los dos catetos (los dos lados menores del triángulo rectángulo: los que conforman el ángulo recto). Si un triángulo rectángulo tiene catetos de longitudes b y c , y la medida de la hipotenusa es a, se establece que:

$$a^2 = b^2 + c^2$$

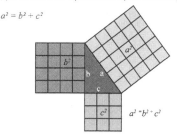

Teoría de los números: *Etim. Del griego "θεωρία" y del latín "numĕrus".* La teoría de los números es la rama de matemáticas puras que estudia las propiedades y las relaciones de los números. Normalmente se limita al estudio de los números enteros y, en ocasiones, a otros conjuntos de números con propiedades similares al conjunto de los enteros.

Término: *Etim. Del latín "termĭnus".* Números que intervienen o forman parte de una operación matemática. Ejemplo: minuendo y sustraendo, sumandos, factores, producto...

Términos de la división: *Etim. de División. Del latín "divisĭo", "ōnis", separar.* Se refiere a los cuatro términos que componen una división. Los **términos de la división** son: divisor, dividendo, cociente y residuo.

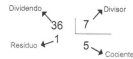

Términos de la logaritmación: *Etim. de Logaritmación. Del griego "λόγος", razón, y "ἀριθμός", número.* Cada uno de los términos que componen una operación logarítmica. Los **términos de la logaritmación** son: la base del logaritmo, el número total y el exponente o logaritmo. La base de un logaritmo es el número que elevado al exponente o logaritmo da el número total. Número total es cualquier número positivo. El logaritmo es el exponente al que hay que elevar la base para obtener el total. Por ejemplo, en el siguiente logaritmo:

$\mathrm{Log}_3 (9) = 2$, 3 es la base, 2 es el exponente y 9 el número total.

Términos de la multiplicación: *Etim. de Multiplicación. Del latín "multiplicatĭo", "ōnis", aumentar.* Cada uno de los términos que componen la multiplicación. Los **términos de la multiplicación** son: multiplicando, multiplicador y producto.

$$\begin{array}{r} 2 \quad \text{Multiplicando} \\ \times \quad 4 \quad \text{Multiplicador} \\ \hline 8 \quad \text{Producto} \end{array}$$

Términos de la potenciación: *Etim. de Potenciación. Del latín "potentĭa", capacidad.* Cada uno de los términos que componen la operación llamada potenciación. Los **términos de la potenciación** son: base, exponente y potencia.

Exponente

$$2^3 = 8$$

Base Potencia

Términos de la radicación: *Etim. de Radicación. Del latín "radicāre", arraigar.* Cada uno de los términos que componen la operación llamada radicación. Los **términos de la radicación** son: índice, raíz y el subradical.

radical

índice

$$\sqrt[2]{49} = 7$$

Cantidad
subradical   Raíz

Términos de la resta: *Etim. de Resta. Del latín "restis",* *cuerda.* Cada uno de los términos que componen la operación llamada resta o sustracción. Los **términos de la resta** son: minuendo, sustraendo y diferencia.

Términos de la suma: *Etim de Suma. Del latín "summa",* *agregar.* Cada uno de los términos que componen la operación llamada suma o adición. Los **términos de la suma** son: sumandos y suma o total.

Términos de una fracción: *Etim. de Fracción. Del latín* *"fractio", "ōnis", división en partes.* Cada uno de los términos que componen una fracción. Los **términos de la fracción** son: numerador y denominador. Véase Fracción.

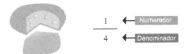

Termómetro: *Etim. Del griego "Θερμο", calor y "μέτρον",* *medida, es decir, medida del calor.* Es un instrumento de medición de temperatura. Su presentación más común es de vidrio, el cual contiene un tubo interior con mercurio, que se expande o dilata debidos a los cambios de temperatura. Para determinar la temperatura, el **termómetro** cuenta con una escala debidamente graduada que la relaciona con el volumen que ocupa el mercurio en el tubo. Las presentaciones más modernas son de tipo digital, aunque el mecanismo interno suele ser el mismo.

Tetraedro: *Etim. Del griego "τετράεδρον", cuatro planos* *o caras.* Poliedro convexo de cuatro caras. Su base y sus caras son triangulares. Cuando sus triángulos son equiláteros se le denomina **Tetraedro** regular.

Tiempo: *Etim. Del latín "tempus", duración.* Magnitud con la que se mide la duración de un determinado fenómeno o suceso. En el Sistema Internacional, la unidad de tiempo es el segundo, aunque en función del suceso que se estudie se utilizan otras unidades más prácticas, como el año, mes, día, el siglo, etc. El instrumento para medir el **tiempo** es el reloj.

Tonelada: *Etim. Del francés "tonel", "tonne", este del* *latín "tŭnna", y este del celta "tunna ".* Unidad de masa, de símbolo t, que es igual a 1 000 kilogramos. También se le conoce como tonelada métrica.

1000 kg

Tonelada métrica: Véase tonelada.

t

Total: *Etim. Del latín "totus", todo.* Resultado de una suma. También se refiere a lo que está completo. **Ejemplo:** la totalidad de elementos de un conjunto.

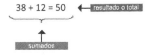

Transportador: Círculo o semicírculo graduado, hecho en diversos materiales como talco, madera o metal, que sirve para medir o trazar los ángulos de un dibujo geométrico.

Fig. Dos clases de Transportador.

Transversal: Que se encuentra o se extiende atravesado de un lado a otro. Véase recta transversal.

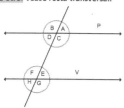

Trapecio: *Etim. Del latín "trapezĭum", y este del griego "τραπέζιον".* Un **trapecio** es un cuadrilátero que tiene dos lados paralelos y otros dos no paralelos. Los lados paralelos se llaman bases del **trapecio** y la distancia entre ellos se llama altura. Se denomina mediana al segmento que tiene por extremos los puntos medios de los lados no paralelos.

Trapecio escaleno: *Etim. de Escaleno. Del latín "scalēnus", y este del griego "σκαληνός", oblicuo.* **Trapecio escaleno** es el que no es isósceles ni rectángulo. Tiene los cuatro ángulos internos de diferente amplitud. Sus lados son todos de diferente medida.

Fig. Trapecio escaleno

Trapecio Isósceles: *Etim. de Isósceles. Del latín "isoscĕles", y este del griego "ἰσοσκελής", de piernas iguales.* **Trapecio isósceles** es el que posee los lados no paralelos de igual medida. Tiene dos ángulos internos agudos y dos obtusos, que son iguales entre sí.

Fig. Trapecio isósceles

Trapecio rectángulo: *Etim. de Rectángulo. Del latín "rectangŭlus", de ángulos rectos.* **Trapecio rectángulo** o recto es el que tiene un lado perpendicular a sus bases. Tiene dos ángulos internos rectos, uno agudo y otro obtuso.

Trapezoide: *Etim. Del griego "τραπεζοειδής".* Cuadrilátero que no tiene ningún lado paralelo a otro.

Fig. Trapezoide.

Traslación: Es el movimiento, en línea recta o curva, que sigue un objeto de una posición a otra sin que haya rotación del mismo. Compárese con rotación.

Trayecto: *Etim. Del francés "trajet", espacio que se recorre.* Espacio o camino que se recorre o puede recorrerse entre dos puntos o lugares. Suele ser representado por medio de una línea continua.

Trazar: *Etim. Del latín "tractiāre", "tractus", hacer trazos.* Hacer trazos o líneas para graficar una figura, un plano o cualquier tipo de dibujo.

Trazo de la perpendicular a un segmento: *Etim. de Perpendicular a un segmento. Del latín "perpendiculāris", y de "segmentum", parte ó porción.* Dos rectas en el plano son perpendiculares cuando, al intersecarse, forman un ángulo recto (90º).

Tres cuartos de hora: *Etim. Del latín "tres", "quartus" y "hora".* Término usado para describir un lapso equivalente a 45 minutos.

Triangulación: Método para obtener áreas de figuras poligonales, normalmente irregulares, mediante su descomposición en formas triangulares, partiendo de un mismo vértice a todos los otros vértices no consecutivos.

La suma de las áreas de los triángulos da como resultado el área total.

El área de un triangulo se halla mediante la siguiente ecuación:

$$S = \frac{bh}{2} = \frac{base \cdot altura}{2}$$

Siendo S la superficie, b la longitud de cualquiera de los lados del triángulo y h la distancia perpendicular entre la base y el vértice opuesto a dicha base.

Triángulo: *Etim. Del latín "triangŭlus", de tres lados.* Un triángulo, en geometría, es un polígono determinado por tres rectas que se cortan dos a dos en tres puntos (que no se encuentran alineados). Los puntos de intersección de las rectas son los vértices y los segmentos de recta determinados son los lados del triángulo. Dos lados contiguos forman uno de los ángulos interiores del triángulo. Por lo tanto, un triángulo tiene 3 ángulos interiores, 3 lados y 3 vértices. Por sus lados, los triángulos se clasifican en: equiláteros, isósceles y escalenos; y por sus ángulos en: acutángulos, rectángulos y obtusángulos. La suma de los ángulos internos de un triángulo siempre será 180 grados.

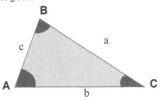

Los Vértices se escriben con letra mayúscula, los lados con letras minúsculas y usando las mismas letras que se usaron para los vértices, los ángulos se escriben igual que los vértices.

Triángulo acutángulo: *Etim. de Acutángulo. Del latín "acūtus", agudo, y "angŭlus", ángulo.* Un triángulo es acutángulo cuando sus tres ángulos son menores a 90°

(90 grados); todo triángulo equilátero es a su vez un triángulo acutángulo.

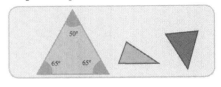

Fig. Triángulo acutangulo.

Triángulo acutángulo equilátero: *Etim. de Equilátero. Del latín "aequilatĕrus", de lados iguales.* Triángulo cuyos ángulos internos son agudos (acutángulo) y congruentes, por lo tanto miden 60° cada uno.

Fig. Triángulo acutángulo equilátero.

Triángulo acutángulo escaleno: Triángulo cuyos ángulos internos son agudos (acutángulo) y sus ángulos y lados son de diferente medida.

Fig. Triángulo acutángulo escaleno.

Triángulo acutángulo isósceles: Triángulo cuyos ángulos internos son agudos (acutángulo) y tiene dos lados iguales y uno desigual, por lo tanto dos de sus ángulos también son congruentes.

Fig. Triángulo acutángulo isósceles.

Triángulos congruentes: Dos o más triángulos son congruentes cuando tienen la misma forma y el mismo tamaño, es decir, si al colocarlos una sobre la otra son coincidentes en toda su extensión. Esto significa que deben tener lados y ángulos iguales. La notación de que un triángulo es congruente con otro lo anotamos $\triangle ABC \cong \triangle A'B'C'$. Véase triángulos semejantes.

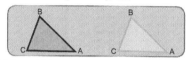

$\triangle ABC \cong \triangle A'B'C'$
Fig. Triángulos congruentes.

Triángulo equilátero: Es un polígono de tres lados iguales y tres ángulos agudos e iguales a 60°.

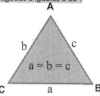

Fig. Triángulo equilátero

Triángulo escaleno: Es un polígono que tiene tres lados y ángulos desiguales.

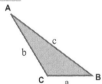

Fig. Triángulo escaleno.

Triángulo escaleno acutángulo: Véase triángulo acutángulo escaleno.

Triángulo escaleno obtusángulo: *Etim. de Obtusángulo. Del latín "obtūsus", "obtundĕre", despuntar, embotar y de "angŭlus", y este del griego "άγκύλος", encorvado.* Véase triángulo obtusángulo escaleno.

Triángulo escaleno rectángulo: Véase triángulo rectángulo escaleno.

Triángulo Isósceles: Polígono de tres lados, dos de los

cuáles son iguales. Los ángulos opuestos a los lados iguales también son congruentes.

Fig. Triángulo Isósceles.

Triángulo isósceles acutángulo: Véase triángulo acutángulo isósceles.

Triángulo isósceles obtusángulo: Véase triángulo obtusángulo isósceles.

Triángulo isósceles rectángulo: Véase triángulo rectángulo isósceles.

Triángulo obtusángulo: Polígono de tres lados que tiene un ángulo interno obtuso (mayor de 90°) y dos agudos.

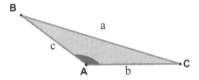

Triángulo obtusángulo escaleno: Triángulo que tiene un ángulo interior obtuso (mayor de 90°) y todos sus lados son diferentes.

Fig. Triángulo obtusángulo escaleno

Triángulo obtusángulo isósceles: Triángulo que tiene un ángulo interior obtuso, y dos lados iguales que son los que forman el ángulo obtuso; el otro lado es mayor que éstos dos.

Fig. Triángulo obtusángulo isósceles.

t

Triángulo rectángulo: Se denomina **triángulo rectángulo** al triángulo en el que uno de sus ángulos es recto, es decir, mide 90° y los otros dos son agudos. A los dos lados que conforman el ángulo recto se les denomina catetos y al otro lado hipotenusa.

Fig. Triángulo rectángulo.

Triángulo rectángulo escaleno: Triángulo que tiene un ángulo recto, y todos sus lados y ángulos son diferentes.

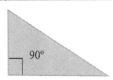

Triángulo rectángulo isósceles: Triángulo con un ángulo recto y dos agudos iguales (de 45° cada uno); dos lados son iguales y el otro diferente.

Fig. Triángulo rectángulo isósceles.

Triángulos semejantes: Dos triángulos son semejantes si sus ángulos internos son, respectivamente iguales y sus lados homólogos son proporcionales. Los triángulos congruentes son a la vez semejantes pero los **triángulos semejantes** no son necesariamente congruentes.

Fig. Aquí se cumple: DH
HC=D'H'/H'C'; DC/HC=D'C'/H'C'

Fig. Triángulos semejantes.

u

Tridimensional: *Del latín "tri", tres y de "dimensĭo", "ōnis", longitud, área o volúmen.* Un objeto o ente es **tridimensional** si tiene tres dimensiones: largo, ancho y profundidad. Cuerpos geométricos tales como el cono, la esfera y el cilindro son tridimensionales.

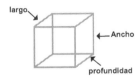

Fig. Cuerpo tridimensional.

Trigonometría: *Etim. Del griego "τριγωνο", "trigōno", triángulo, de "μετρον", "metron", medida.* Rama de las matemáticas que estudia las relaciones entre los ángulos y los lados de los triángulos. Su objetivo principal es resolver cualquier tipo de triángulo.

Triple: Se dice del número que contiene a otro tres veces exactamente. Para saber el **triple** de un número se multiplica por tres. Ejemplo: Triple de 8 es 24 porque si multiplicamos 8 x 3 el resultado es 24, lo que indica que 24 es tres veces o el **triple** de 8.

Triplicar: *Etim. Del latín "triplicāre", multiplicar por tres o hacer tres veces lo mismo.* Acción de multiplicar por tres. Ejemplo: 40 x 3 = 120.

u

u

Undecágono: También conocido como endecágono. Polígono que consta de 11 lados y de igual forma 11 ángulos. Este puede ser regular (todos sus lados con iguales) e irregular (lados incongruentes).

Undecágono irregular   Undecágono regular

Unidad: *Etim. Del latín "unĭtas", "ātis", singularidad.* Su símbolo es "U". Cantidad que se toma por medida de las demás de la misma especie; también se refiere a un objeto en particular o a un conjunto de objetos pensado como un todo. Se designa por 1. La **unidad**, en el sistema de numeración decimal, la definimos según la posición que el número ocupe. Por ejemplo, en la cantidad 45 se puede decir que en esta existen 5 **unidades** y 4 decenas, o bien tenemos 45 **unidades**.

Unidad convencional: *Etim. de Convencional. Del latín "conventionãlis", que se atiene a las normas.* Nos referimos a ella como la unidad que se utiliza como patrón para medir magnitudes de la misma especie. Por ejemplo, en el sistema internacional de medidas, utilizamos el metro para la longitud, el kilogramo para el peso, el litro para la capacidad, etc.

Unidad cúbica: *Etim. de Cúbica. Del latín "cubĭcus", y este del griego "κυβικός".* Unidad que se utiliza para medir el volumen o el lugar que ocupa un cuerpo en el espacio. Entre los cuerpos geométricos se ha convenido usar el cubo como patrón de medida. Este puede ser el m^3, el dm^3, el cm^3, el mm^3, el Km^3, etc.

Unidades de Superficie: La unidad fundamental para medir superficies es el metro cuadrado, que es la superficie de un cuadrado que tiene 1 metro de lado. Véase y ampliese con lámina didáctica unidades de medida y lámina didáctica conversiones y equivalencias.

Unidimensional: Significa aquello que tiene una sola dimensión. En todo lo que está ubicado en el espacio: la líneas, rectas o curvas tienen una sola dimensión: la longitud.

Unión de conjuntos: *Etim. Del latín "unĭo", "ōnis", unir, y de "coniunctus", mezclado, incorporado.* Símbolo de unión "U". La unión de dos conjuntos A y B es un nuevo conjunto formado por los elementos que están en A o están en B. Por ejemplo:

Si $A = \{1, 2, 5, 6, 9\}$ y $B = \{1, 3, 5, 7, 10\}$
su unión es : $AUB = \{1, 2, 3, 5, 6, 7, 9, 10\}$

Unidad de longitud: *Etim. de Longitud. Del latín "longĭtudo", distancia.* Magnitud creada para medir la distancia entre dos puntos. La unidad más comúnmente usada para medir la longitud es el metro y sus múltiplos y submúltiplos.

Unidad de medida: Véase unidad convencional.

Unidad de millar: *Etim. de Millar. Del latín "milliăre", mil.* Su símbolo "UM". Es la agrupación de 1000 unidades; se les conoce así a las cantidades de 4 cifras ya que contienen

unidad de millar. Esta está conformada por la unidad de millar, centenas, decenas y unidades. Por ejemplo, en la cantidad de 5869, la unidad de millar es la que ocupa el número 5.

Unidad de millón: *Etim. de Millón. Del francés "million", o del italiano "milione".* Su símbolo "UMi". Agrupación de 1,000,000 unidades, cantidades de 7 cifras, representando a la unidad de millón la que ocupa el 1° lugar de izquierda a derecha. Esta cuenta con la unidad de millón, centena de millar, decena de millar, unidad de millar, centena, decena y unidad. Por ejemplo, en la cantidad 8, 635,236 la unidad de millón es que ocupa el número 8.

UMi	CM	DM	UM	C	D	U
8	6	3	5	2	3	6

Unidad de superficie: *Etim. de Superficie. Del latín "superficĭes", extensión.* Es la medida utilizada para medir superficies. Las unidades de superficie son cuadrados. En el sistema internacional de medidas la unidad patrón de superficie es el metro cuadrado con sus múltiplos y sus submúltiplos.

Unidad lineal: *Etim. de Lineal. Del latín "lineãlis", línea.* Véase unidad de longitud.

Unidad no convencional: Son aquellas unidades que se utilizan de manera informal y no están establecidas en un sistema de unidades. Por ejemplo, lo que utilizamos frecuentemente como **unidades no convencionales** son aquellas como el largo del brazo, la distancia del dedo pulgar con el dedo índice formando un ángulo, la cuarta de la mano, etc.

Unidad patrón: *Etim. de Patrón. Del latín "patrōnus", protector.* Es aquella unidad que se elige como modelo de referencia para realizar medidas dentro de magnitudes de la misma especie. Por ejemplo, unidad exacta del metro (metro patrón), la masa exacta del kilogramo (kilogramo exacto), etc.

Unidad simple: *Etim. de Simple. Del latín "simple", "simplus", sin complicación ni dificultad.* Véase unidad.

Universo: *Etim. Del latín "universus", conjunto de individuos o elementos.* De utilización en la estadística. Es el conjunto al que pertenecen todos los individuos o elementos objeto de estudio. Puede estar formado por objetos, animales, personas o entes de cualquier naturaleza. Es la llamada población de donde se obtiene las muestras a estudiar.

V

V: La letra mayúscula "V" representa al número cinco en numeración romana.

Valor absoluto: *Etim. Del latín "valor", "ōris", utilidad, y de "absolūtus", independiente, ilimitado.* El valor absoluto de un número *x*, denotado por |*x*| se define como su valor numérico sin considerar su signo. Por ejemplo, el valor absoluto de –18 es:

|– 18| = 18, y el valor absoluto de 3 es: |3| = 3.

Valor numérico de una fracción.: *Etim. De Número de una fracción. Del latín "numĕrus", cantidad, y de "fractĭo", "ōnis", cada una de las partes separadas.* Es la representación decimal de una fracción. Por ejemplo, la fracción ⁵/₆ su valor es 0.83; en la fracción ¼ es 0.25.

Valor posicional: *Etim. de Posicional. Del latín "positĭo", "ōnis", postura.* Relativo. Este es el valor que adquiere el número natural dependiendo del lugar que ocupa. Por ejemplo, los valores posicionales de la cantidad 25896, son:

DM	UM	c	d	u
2	5	8	9	6

6 unidades = 6
9 decenas = 90
8 centenas = 800
5 unidades de millar = 5,000
2 decenas de millar = 20,000

Valor relativo: *Etim. de Relativo. Del latín "relatīvus", que guarda relación con algo.* Es el número de una cifra por el lugar o posición que ocupa en un número. Por ejemplo, en la cantidad 256, el valor del 2 es 200, del 5 es 50 y del 6 es 6. Véase también valor posicional.

Valor unitario: *Etim. de Unitario. Del latín "unĭtas", unidad.* Valor que se refiere al valor por unidad, es decir, por objeto; por ejemplo: Si una docena de camisas valen $1200, quiere decir que el valor unitario de cada camisa es de $100.

Vara: *Etim. Del latín "vara", travesaño.* Unidad de longitud perteneciente al sistema de medidas español; esta equivale a 0.838 metros. En centímetros son 83.82.

Velocidad: *Etim. Del latín "velocĭtas", "ātis", prontitud de movimiento.* Es la magnitud física de carácter vectorial que se define como el desplazamiento de un móvil por unidad de tiempo. En el sistema internacional de medidas la unidad de medida es el m/s.

Vertical: *Etim. Del latín "verticālis".* Se considera **vertical** a la recta o plano perpendicular al plano del horizonte.

Vértice: *Etim. Del latín "vertex", "ĭcis", punto en que concurren lados.* Nos referimos a ella como la esquina. Punto de intersección de los lados de un ángulo o de un polígono.

Vértice de un ángulo: *Etim. de Ángulo. Del griego "agkulos", encorvado, doblado.* Punto que comparten las rectas de un ángulo. Lugar donde se intersecan.

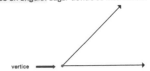

Vértice de un cono: *Etim. de Cono. Del latín "conus", y este del griego "κῶνος".* Es el punto donde confluyen las generatrices de un cono.

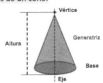

Vértice de un poliedro: *Etim. de Poliedro. Del griego "πολύεδρος".* Punto de intersección de las aristas del poliedro.

Vértice de un polígono: *Etim. de Polígono. Del griego "πολύγωνος".* Punto de intersección de los lados o aristas de un polígono. Tomando en cuenta que este cuenta con varias aristas, cuenta por lo tanto con una serie de vértices.

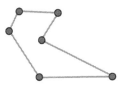

Vértice de una pirámide: *Etim. Etim. Del latín "pyrămis", "ĭdis", y este del griego "πυραμίς", "ĭδος", originariamente, pastel de harina de trigo de forma piramidal, de "πυρός", harina de trigo.* Punto de intersección donde confluyen las caras triangulares que conforman la superficie lateral de una pirámide.

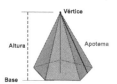

Volumen: *Etim. Del latín "volūmen".* Espacio tridimensional ocupado por un cuerpo. En el sistema Internacional de medidas el patrón de medida del **volumen** es el metro cúbico.

Fig. Cubo

Fig. Cilindro

x y z

X: Letra que se emplea en la numeración romana para representar el número diez. Signo con que suele representarse en los cálculos una incógnita.

Yarda: *Etim. Del inglés "Yard".* Unidad de medida de longitud en el sistema de medición inglés. Una **yarda** equivale a 91.44 cm, a 36 pulgadas ó 3 pies. Su símbolo es "yd".

Yarda cuadrada: *Etim. de Cuadrada. Del latín "quadrātus".* Se entiende como la unidad de medida de superficie del sistema inglés. Su área es igual a un cuadrado cuyos lados tienen una yarda de longitud. Esta equivale aproximadamente a 0.836 m2. Su símbolo "yd2".

Yarda cúbica: *Etim. de Cúbica. Del latín "cubĭcus", y este del griego "κυβικός".* Nos referimos a ella como la unidad de medida del volumen de un cuerpo, conocida así por el sistema inglés de medidas. Su volumen es igual al de un cubo cuyos lados tienen una yarda de longitud. Una **yarda cúbica** equivale a 76455 cm3 y a 0.76455 m3. Su símbolo es "yd3.

Yuxtapuestas: *Etim. Del latín "iuxta", cerca de, y "ponĕre", poner.* Poner un figura junto a otra sin interposición de ningun nexo o elemento de relación.

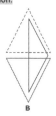

Fig. Figuras yuxtapuestas.

Z: Letra que se emplea para designar al conjunto de los números enteros, así:

$$Z: \{.... -1, -2, -3, 0, 1, 2, 3...\}$$

Zona: *Etim. Del latín "zona", y este del griego "ζώνη", ceñidor, faja.* Parte de la superficie encuadrada entre ciertos límites.

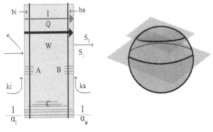

Fig. Diferentes zonas marcadas.   Fig. Zonas sombreadas.

Láminas
didácticas

TABLAS DE SUMAR

Tabla del 1	Tabla del 2	Tabla del 3	Tabla del 4	Tabla del 5
1 + 0 = 1	2 + 0 = 2	3 + 0 = 3	4 + 0 = 4	5 + 0 = 5
1 + 1 = 2	2 + 1 = 3	3 + 1 = 4	4 + 1 = 5	5 + 1 = 6
1 + 2 = 3	2 + 2 = 4	3 + 2 = 5	4 + 2 = 6	5 + 2 = 7
1 + 3 = 4	2 + 3 = 5	3 + 3 = 6	4 + 3 = 7	5 + 3 = 8
1 + 4 = 5	2 + 4 = 6	3 + 4 = 7	4 + 4 = 8	5 + 4 = 9
1 + 5 = 6	2 + 5 = 7	3 + 5 = 8	4 + 5 = 9	5 + 5 = 10
1 + 6 = 7	2 + 6 = 8	3 + 6 = 9	4 + 6 = 10	5 + 6 = 11
1 + 7 = 8	2 + 7 = 9	3 + 7 = 10	4 + 7 = 11	5 + 7 = 12
1 + 8 = 9	2 + 8 = 10	3 + 8 = 11	4 + 8 = 12	5 + 8 = 13
1 + 9 = 10	2 + 9 = 11	3 + 9 = 12	4 + 9 = 13	5 + 9 = 14
1 + 10 = 11	2 + 10 = 12	3 + 10 = 13	4 + 10 = 14	5 + 10 = 15

Tabla del 6	Tabla del 7	Tabla del 8	Tabla del 9	Tabla del 10
6 + 0 = 6	7 + 0 = 7	8 + 0 = 8	9 + 0 = 9	10 + 0 = 10
6 + 1 = 7	7 + 1 = 8	8 + 1 = 9	9 + 1 = 10	10 + 1 = 11
6 + 2 = 8	7 + 2 = 9	8 + 2 = 10	9 + 2 = 11	10 + 2 = 12
6 + 3 = 9	7 + 3 = 10	8 + 3 = 11	9 + 3 = 12	10 + 3 = 13
6 + 4 = 10	7 + 4 = 11	8 + 4 = 12	9 + 4 = 13	10 + 4 = 14
6 + 5 = 11	7 + 5 = 12	8 + 5 = 13	9 + 5 = 14	10 + 5 = 15
6 + 6 = 12	7 + 6 = 13	8 + 6 = 14	9 + 6 = 15	10 + 6 = 16
6 + 7 = 13	7 + 7 = 14	8 + 7 = 15	9 + 7 = 16	10 + 7 = 17
6 + 8 = 14	7 + 8 = 15	8 + 8 = 16	9 + 8 = 17	10 + 8 = 18
6 + 9 = 15	7 + 9 = 16	8 + 9 = 17	9 + 9 = 18	10 + 9 = 19
6 + 10 = 16	7 + 10 = 17	8 + 10 = 18	9 + 10 = 19	10 + 10 = 20

Tabla del 1	Tabla del 2	Tabla del 3	Tabla del 4	Tabla del 5
1 × 0 = 0	2 × 0 = 0	3 × 0 = 0	4 × 0 = 0	5 × 0 = 0
1 × 1 = 1	2 × 1 = 2	3 × 1 = 3	4 × 1 = 4	5 × 1 = 5
1 × 2 = 2	2 × 2 = 4	3 × 2 = 6	4 × 2 = 8	5 × 2 = 10
1 × 3 = 3	2 × 3 = 6	3 × 3 = 9	4 × 3 = 12	5 × 3 = 15
1 × 4 = 4	2 × 4 = 8	3 × 4 = 12	4 × 4 = 16	5 × 4 = 20
1 × 5 = 5	2 × 5 = 10	3 × 5 = 15	4 × 5 = 20	5 × 5 = 25
1 × 6 = 6	2 × 6 =12	3 × 6 = 18	4 × 6 = 24	5 × 6 = 30
1 × 7 = 7	2 × 7 = 14	3 × 7 = 21	4 × 7 = 28	5 × 7 = 35
1 × 8 = 8	2 × 8 = 16	3 × 8 = 24	4 × 8 = 32	5 × 8 = 40
1 × 9 = 9	2 × 9 = 18	3 × 9 = 27	4 × 9 = 36	5 × 9 = 45
1 × 10 = 10	2 × 10 = 20	3 × 10 = 30	4 × 10 = 40	5 × 10 = 50

Tabla del 6	Tabla del 7	Tabla del 8	Tabla del 9	Tabla del 10
6 × 0 = 0	7 × 0 = 0	8 × 0 = 0	9 × 0 = 0	10 × 0 = 0
6 × 1 = 6	7 × 1 = 7	8 × 1 = 8	9 × 1 = 9	10 × 1 = 10
6 × 2 = 12	7 × 2 = 14	8 × 2 = 16	9 × 2 = 18	10 × 2 = 20
6 × 3 = 18	7 × 3 = 21	8 × 3 = 24	9 × 3 = 27	10 × 3 = 30
6 × 4 = 24	7 × 4 = 28	8 × 4 = 32	9 × 4 = 36	10 × 4 = 40
6 × 5 = 30	7 × 5 = 35	8 × 5 = 40	9 × 5 = 45	10 × 5 = 50
6 × 6 = 36	7 × 6 = 42	8 × 6 = 48	9 × 6 = 54	10 × 6 = 60
6 × 7 = 42	7 × 7 = 49	8 × 7 = 56	9 × 7 = 63	10 × 7 = 70
6 × 8 = 48	7 × 8 = 56	8 × 8 = 64	9 × 8 = 72	10 × 8 = 80
6 × 9 = 54	7 × 9 = 63	8 × 9 = 72	9 × 9 = 81	10 × 9 = 90
6 × 10 = 60	7 × 10 = 70	8 × 10 = 80	9 × 10 = 90	10 × 10 = 100

TABLAS DE DIVIDIR

1 ÷ 1 = 1	2 ÷ 2 = 1	3 ÷ 3 = 1	4 ÷ 4 = 1	5 ÷ 5 = 1	6 ÷ 6 = 1	7 ÷ 7 = 1	8 ÷ 8 = 1	9 ÷ 9 = 1
2 ÷ 1 = 2	4 ÷2 = 2	6 ÷ 3 = 2	8 ÷ 4 = 2	10 ÷ 5 = 2	12 ÷ 6 = 2	14 ÷ 7 = 2	16 ÷ 8 = 2	18 ÷ 9 = 2
3 ÷ 1 = 3	6 ÷ 2 = 3	9 ÷ 3 = 3	12 ÷ 4 = 3	15 ÷ 5 = 3	18 ÷ 6 = 3	21 ÷ 7 = 3	24 ÷ 8 = 3	27 ÷ 9 = 3
4 ÷ 1 = 4	8 ÷ 2 = 4	12 ÷ 3 = 4	16 ÷ 4 = 4	20 ÷ 5 = 4	24 ÷ 6 = 4	28 ÷ 7 = 4	32 ÷ 8 = 4	36 ÷ 9 = 4
5 ÷ 1 = 5	10 ÷ 2 = 5	15 ÷ 3 = 5	20 ÷ 4 = 5	25 ÷ 5 = 5	30 ÷ 6 = 5	35 ÷ 7 = 5	40 ÷ 8 = 5	45 ÷ 9 = 5
6 ÷ 1 = 6	12 ÷ 2 = 6	18 ÷ 3 = 6	24 ÷ 4 = 6	30 ÷ 5 = 6	36 ÷ 6 = 6	42 ÷ 7 = 6	48 ÷ 8 = 6	54 ÷ 9 = 6
7 ÷1 = 7	14 ÷2 = 7	21 ÷ 3 = 7	28 ÷ 4 = 7	35 ÷ 5 = 7	42 ÷ 6 = 7	49 ÷ 7 = 7	56 ÷ 8 = 7	63 ÷ 9 = 7
8 ÷ 1 = 8	16 ÷ 2 = 8	24 ÷ 3 = 8	32 ÷ 4 = 8	40 ÷ 5 = 8	48 ÷ 6 = 8	56 ÷ 7 = 8	64 ÷ 8 = 8	72 ÷ 9 = 8
9 ÷ 1 = 9	18 ÷ 2 = 9	27 ÷ 3 = 9	36 ÷ 4 = 9	45 ÷ 5 = 9	54 ÷ 6 = 9	63 ÷ 7 = 9	72 ÷ 8 = 9	81 ÷ 9 = 9

TABLAS DE RESTAR

1 - 1 = 0	2 - 2 = 0	3 - 3 = 0	4 - 4 = 0	5 - 5 = 0	6 - 6 = 0	7 - 7 = 0	8 - 8 = 0	9 - 9 = 0
2 - 1 = 1	3 - 2 = 1	4 - 3 = 1	5 - 4 = 1	6 - 5 = 1	7 - 6 = 1	8 - 7 = 1	9 - 8 = 1	10 - 9 = 1
3 - 1 = 2	4 - 2 = 2	5 - 3 = 2	6 - 4 = 2	7 - 5 = 2	8 - 6 = 2	9 - 7 = 2	10 - 8 = 2	11 - 9 = 2
4 - 1 = 3	5 - 2 = 3	6 - 3 = 3	7 - 4 = 3	8 - 5 = 3	9 - 6 = 3	10 - 7 = 3	11 - 8 = 3	12 - 9 = 3
5 - 1 = 4	6 - 2 = 4	7 - 3 = 4	8 - 4 = 4	9 - 5 = 4	10 - 6 = 4	11 - 7 = 4	12 - 8 = 4	13 - 9 = 4
6 - 1 = 5	7 - 2 = 5	8 - 3 = 5	9 - 4 = 5	10 - 5 = 5	11 - 6 = 5	12 - 7 = 5	13 - 8 = 5	14 - 9 = 5
7 - 1 = 6	8 - 2 = 6	9 - 3 = 6	10 - 4 = 6	11 - 5 = 6	12 - 6 = 6	13 - 7 = 6	14 - 8 = 6	15 - 9 = 6
8 - 1 = 7	9 - 2 = 7	10 - 3 = 7	11 - 4 = 7	12 - 5 = 7	13 - 6 = 7	14 - 7 = 7	15 - 8 = 7	16 - 9 = 7
9 - 1 = 8	10 - 2 = 8	11 - 3 = 8	12 - 4 = 8	13 - 5 = 8	14 - 6 = 8	15 - 7 = 8	16 - 8 = 8	17 - 9 = 8

NUMERACIÓN MAYA, ROMANA Y EGIPCIA

Sistema de numeración Maya

Numeración Maya: La base del sistema de numeración maya era veinte.
Los símbolos usados para representar los números eran: el punto, la raya y el puño.
Reglas para su uso:
- No más de 4 puntos seguidos.
- No más de 3 rayas horizontales.
- El valor posicional aumenta hacia arriba.

1 Punto	5 Raya	0 Puño
•	—	ᕫᕫᕫ

Representación de los números del 0 al 19									
0	1	2	3	4	5	6	7	8	9
ᕫᕫᕫ	•	••	•••	••••	—	•̣	•̣•	•••	••••
10	11	12	13	14	15	16	17	18	19
=	•̣̄	•̣̄•	•̣̄••	•̣̄•••	≡	≣	≣	≣	≣

Ejemplo:
•••• $4 \times 20 = 80$
= $10 \times 1 = 10$

Total: 90

Sistema de numeración Romana

Letras	I	V	X	L	C	D	M
Valores	1	5	10	50	100	500	1.000

Sistema de numeración Romano: Se emplean letras mayúsculas a las que se les ha asignado un valor numérico. No se encuentra representación del cero, pues este concepto era desconocido para los romanos.

Reglas para su uso:

- Si a la derecha de una cifra en números romanos se escribe otra igual o menor, el valor de ésta se suma a la anterior. Ejemplos: VI = 6; XXI = 21; LXVII = 67

- Se permite el uso del mismo símbolo en forma seguida hasta tres veces. Ejemplos: XI = 11; XIV = 14; XXXIII = 33; XXXIV = 34

- Si entre dos cifras cualesquiera existe otra menor, ésta restará su valor a la siguiente. Ejemplos: XIX = 19; LIV = 54

- El valor de los números romanos queda multiplicado por mil tantas veces como rayas horizontales se coloquen encima de los mismos, así con dos rayas se multiplica por un millón.

$$\overline{V}\ 5,000 \qquad \overline{L}\ 50,000 \qquad \overline{D}\ 500,000$$
$$\overline{C}\ 100,000 \qquad \overline{X}\ 10,000 \qquad \overline{M}\ 1,000,000$$

Sistema de numeración Egipcia

1	10	100	1.000	10.000	100.000	1 millón o infinito	
|	∩	𓇦	𓆼	𓂭	𓆐	𓁨	𓂭𓂭 ∩∩∩ ∩∩∩ ‖‖ ‖‖∩

276

Los jeroglíficos son pequeños dibujos que representan palabras. Los egipcios tenían un sistema jeroglífico en base 10 para los números. Tenían un símbolo diferente para la unidad, la decena, un centenar, un millar, para diez millares, cien millares y un millón.

Para representar en jeroglíficos valores numéricos precisos, simplemente se repetía el símbolo el número de veces que fuera necesario, escribiendo de izquierda a derecha y de arriba hacia abajo, los signos podían escribirse en ambas direcciones.

NUMERACIÓN CHINA

Sistema de numeración China

1	2	3	4	5	6	7
一	二	三	四	五	六	七
8	**9**	**10**	**100**	**1,000**	**10,000**	
八	九	十	百	千	萬	

El Sistema de Numeración Chino

La forma clásica de escritura de los números en China se empezó a usar desde el 1500 A.C. aproximadamente. Es un sistema decimal estricto, que usa las unidades y los distintas potencias de 10. Utiliza los ideogramas de la figura y usa la combinación de los números hasta el diez con la decena, centena, millar y decena de millar para, según el principio multiplicativo, representar 50, 700 ó 3000. El orden de escritura se hace fundamental, ya que 5 10 7 igual podría representar 57 que 75.

1	一	5	五	9	九		
2	二	6	六	10	十	10,000	萬
3	三	7	七	100	百		
4	四	8	八	1,000	千		

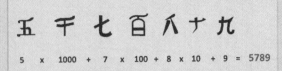

五 千 七 百 八 十 九

5 x 1000 + 7 x 100 + 8 x 10 + 9 = 5789

Ejemplo

Tradicionalmente se ha escrito de arriba abajo aunque también se hace de izquierda a derecha como en el ejemplo de la figura. No es necesario un símbolo para el cero siempre y cuando se pongan todos los ideogramas, pero aún así a veces se suprimían los correspondientes a las potencias de 10.

Cuerpo	Área y volumen	Esquema	Poliedros regulares	Sólido
Cilindro	Área: $A = 2\pi \cdot r\,(h + r)$ Volumen= $\pi r^2 \cdot h$ h: altura r: radio		**Definición:** Sólido limitado por superficies planas	Los poliedros regulares son cinco: Tetraedro Cubo Octaedro Dodecaedro Icosaedro
Esfera	Área: $A = 4\pi \cdot r^2$ Volumen: $V = \dfrac{4}{3}\pi \cdot r^3$ r: radio		**Tetraedro:** Figura de 4 caras formadas por triángulos equiláteros. Área: $A = a^2 \cdot \sqrt{3}$	
Cono	Área: $A = \pi \cdot r^2 + \pi \cdot r \cdot g$ Volumen: $V = \dfrac{\pi \cdot r^2 \cdot h}{3}$ r: radio h: altura		**Cubo:** Figura de 6 caras formadas por cuadrados. Área: $A = 6 \cdot a^2$	
Cubo	Área: $A = 6 \cdot a^2$ Volumen: $V = a^3$ a: lados del cuadrado		**Octaedro:** Figura de 8 caras formadas por triángulos equiláteros. Área: $A = 2 \cdot a^2 \cdot \sqrt{3}$	
Prisma	Área: $A = (\text{perim.base} \cdot h) + 2 \cdot \text{area base}$ Volumen: $V = \text{área base} \times h$ h: altura		**Dodecaedro:** Figura de 12 caras formadas por péntagonos regulares. Área: $A = 30 \cdot a \cdot ap.$	
Pirámide	Área: $A = \dfrac{\text{perim. base} \cdot ap.\,Lat.}{2} + \text{area base}$ Volumen: $V = \dfrac{\text{área base} \cdot h}{3}$ ap. Lat: apotema lateral h: altura		**icosaedro:** Figura de 20 caras formadas por polígonos regulares. Área: $A = 5 \cdot a^2 \cdot \sqrt{3}$ En todas las figuras "a" es igual a cada cara del poliedro.	

ESPACIO, LÍNEA, SUPERFICIE Y PUNTO[14]

Espacio: Conjunto infinito de puntos existentes en el Universo.	Línea: sucesión continúa de puntos interminables e infinitos.	Superficie: Conjunto infinito de líneas.	Punto: elemento geométrico adimensional, describe una posición en el espacio.
	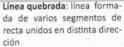		

Línea curva: De formas redondeadas, con uno o varios centros de curvatura.	Línea quebrada: línea formada de varios segmentos de recta unidos en distinta dirección	Línea abierta: Su punto terminal no coincide con el inicial.
		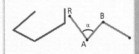
Línea Mixta: línea compuesta de segmentos de rectas y curvas.	Línea cerrada: Su punto terminal coincide con el inicial.	Línea poligonal: es la que se forma cuando unimos segmentos de recta de un plano

Recta: la sucesión continua de puntos en una misma dirección	Semirrecta: Recta que tiene punto inicial, no incluido como parte de ella, y tiene extensión ilimitada.	Segmento: fragmento de recta que está comprendido entre dos puntos
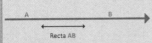 Recta AB	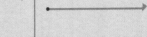	

Arco: Nombre que se le a una parte de una curva.	Arco de circunferencia: Representa una parte de la circunferencia delimitada por dos puntos de la misma.	Superficie Plana: Superficie que carece de grosos y se extiende infinitamente a cualquier dirección.	Superficie Curva: Superficie con tres dimensiones: ancho, largo y profundidad.

ÁREAS (A) Y PERÍMETROS (P) EN GEOMETRÍA

Definición de perímetro: El perímetro de un polígono es igual a la suma de las longitudes de sus lados.

Definición de área: El área de un polígono es la medida de la región o superficie encerrada por un polígono.

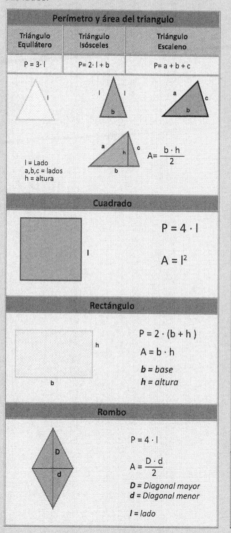

Perímetro y área del triangulo

Triángulo Equilátero	Triángulo Isósceles	Triángulo Escaleno
$P = 3 \cdot l$	$P = 2 \cdot l + b$	$P = a + b + c$

$$A = \frac{b \cdot h}{2}$$

l = Lado
a,b,c = lados
h = altura

Cuadrado

$$P = 4 \cdot l$$

$$A = l^2$$

Rectángulo

$$P = 2 \cdot (b + h)$$

$$A = b \cdot h$$

b = base
h = altura

Rombo

$$P = 4 \cdot l$$

$$A = \frac{D \cdot d}{2}$$

D = Diagonal mayor
d = Diagonal menor

l = lado

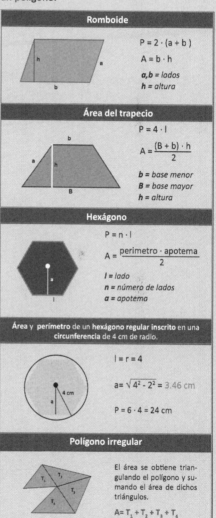

Romboide

$$P = 2 \cdot (a + b)$$

$$A = b \cdot h$$

a,b = lados
h = altura

Área del trapecio

$$P = 4 \cdot l$$

$$A = \frac{(B + b) \cdot h}{2}$$

b = base menor
B = base mayor
h = altura

Hexágono

$$P = n \cdot l$$

$$A = \frac{\text{perímetro} \cdot \text{apotema}}{2}$$

l = lado
n = número de lados
a = apotema

Área y perímetro de un **hexágono regular inscrito** en una **circunferencia** de 4 cm de radio.

$$l = r = 4$$

$$a = \sqrt{4^2 - 2^2} = 3.46 \text{ cm}$$

$$P = 6 \cdot 4 = 24 \text{ cm}$$

Polígono irregular

El área se obtiene triangulando el polígono y sumando el área de dichos triángulos.

$$A = T_1 + T_2 + T_3 + T_4$$

UNIDADES DE MEDIDA

Unidades de medida Longitud

Múltiplos			Unidad	Submúltiplos		
kilómetro	km	1000 m	M E T R O	decímetro	dm	0,1 m
hectómetro	hm	100 m		centímetro	cm	0,01 m
decámetro	dam	10 m		milímetro	mm	0,001 m

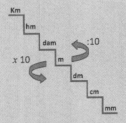

Unidades de medida de capacidad o volumen

Múltiplos			Unidad	Submúltiplos		
Kilolitro	kl	1000 l	L I T R O	Decilitro	dl	0,1 l
Hectolitro	hl	100 l		Centilitro	cl	0,01 l
Decalitro	dal	10 l		mililitro	ml	0,001 l

Unidades básicas.

Magnitud	Nombre	Símbolo
Tiempo	segundo	s
Intensidad de corriente eléctrica	ampere	A
Temperatura termodinámica	kelvin	K
Cantidad de sustancia	mol	mol
Intensidad luminosa	candela	cd

Unidades de medida de masa

Múltiplos			Unidad	Submúltiplos		
Kilogramo	kg	1000g	G R A M O	Decigramo	dg	0,1 g
Hectogramo	hg	100 g		Centigramo	Cg	0,01 g
Decagramo	dag	10 g		Miligramo	mg	0,001 g

Reglas para escribir correctamente los símbolos de Unidades de medida:

1- Los símbolos de unidades, con excepción del ohm , se escriben con **letras minúsculas** por ejemplo: **segundo s, metro m.**

Unidades de medida de superficie

Múltiplos			Unidad	Submúltiplos		
Kilómetro cuadrado	km²	1000 m²	M E T R O M²	Decímetro cuadrado	dm²	0,1 m²
Hectómetro cuadrado	hm²	100 m²		Centímetro cuadrado	cm²	0,01 m²
Decámetro cuadrado	dam²	10 m²		Milímetro cuadrado	mm²	0,001 m²

2- Sin embargo, si los símbolos se derivan de nombres propios su primera letra es mayúscula **newton N, coulomb C.**

3- Los símbolos de unidades nunca llevan punto y no tienen plural **10 gramos se escribe 10 g.**

4- Cuando se usan prefijos el símbolo de la unidad se escribe después del prefijo y sin espacio entre ambos **kilómetro: km.**

Unidades de medida de volumen

Múltiplos			Unidad	Submúltiplos		
Kilómetro cúbico	km³	1000 m³	M E T R O M³	Decimetro cúbico	dm³	0,1 m³
Hectómetro cúbico	hm³	100 m³		Centímetro cúbico	cm³	0,01 m³
Decámetro cúbico	dam³	10 m³		Milímetro cúbico	mm³	0,001 m³

5- Para expresar un producto de símbolos de unidades se usa un punto. El punto se puede suprimir si no hay posibilidad de confusión **newton metro: N·m, o bien Nm.**

6- Cuando una unidad secundaria, o derivada, se forma dividiendo una unidad por otra, se puede escribir, por ejemplo, **m/s o equivalentemente m·s-1.**

7- La unidad va siempre después del número: **1.60 m y no 1 m 60.**

CONVERSIONES Y EQUIVALENCIAS

Milenio =	1 000 años
Siglo =	100 años
Década =	10 años
Lustro =	5 años
Año =	12 meses, 365 días y 4 horas
Mes =	28, 29, 30 ó 31 días
Semana =	7 días
Día =	24 horas
Hora =	60 minutos, 3600 segundos
Minuto =	60 seg.

1 pulgada =	0,833	pie	ft
	0,022777	yarda	yd
	2,54	centímetros	cm
	25,4	milímetros	mm

Barril de petróleo =	42 galones
1 Galón =	3,785 litros
1 Galón =	5 botellas
1 Botellas =	0,757 litros
1 Litro =	1 decímetro cúbico
1Metro cúbico =	1000 litros

1 pie =	12	pulgadas	in
	0,33333	yarda	yd
	0,3048	metro	m
	30,48	centímetros	cm

1 yarda =	36	pulgadas	in
	3	pies	ft
	0,9144	metro	m

1 milla =	5 280	pies	ft
	1 760	yardas	yd
	320	rods	-
	8	furlongs	-
	1 609,35	metros	m
	1,60935	kilómetros	km

1 gramo =	0,03527	onza	oz
	0,001	kilogramo	kg

1 kilogramo =	1 000	gramos	g
	2,20462	libras	lb

1 tonelada métrica =	2 204,62	libras	lb
	1 000	kilogramos	kg

1 onza =	0,0625	libra	lb
	28,35	gramos	g

1 libra =	16	onzas	oz
	453,592	gramos	g
	0,453592	kilogramo	kg

Unidad	Abreviatura	Valor
1 Kilómetro cuadrado	Km²	1.000.000 m²
1 Hectómetro cuadrado	hm²	10.000 m²
1 Decámetro cuadrado	dam²	100 m²
1 metro cuadrado	m²	1 m²
1 decímetro cuadrado	dm²	0,01 m²
1centímetro cuadrado	cm²	0,0001 m²
1 milímetro cuadrado	mm²	0,000001 m²

La conversión de grados Celsius a grados Fahrenheit se obtiene multiplicando la temperatura en Celsius por 1,8 y sumando 32, esto da el resultado:

$$T(°F) = 1,8 \times T \ (°C) + 32$$

ABREVIATURAS Y SÍMBOLOS USADOS FRECUENTEMENTE EN MATEMÁTICAS

Ángulo	∢, ∡
Aproximadamente igual	≈
Arco de A a B	$\overset{\frown}{AB}$
Congruente con	≅
Conjunto tomado por los elementos: a, b y c	A = {a, b, c}
Conjunto de los números enteros	Z
Conjunto de los números naturales	N
Conjunto de los números racionales	Q
Conjunto vacío	{ }, ∅
Definido igual	: =
Distinto, no igual	≠
Signo de división	: ó ÷
Es elemento de, pertenece	∈
Es subconjunto de	⊂
Equivalencia	↔
Es igual que o equivale	=
Infinito	∞
Intercepción de conjuntos	∩
Signo de suma, más	+
Más o menos	±
Mayor que	>
Mayor o igual que	≥
Medida de segmento AB	| AB |
Menor que	<
Menor o igual que	≤
Signo de resta, menos	-
No pertenece a	∉
No es subconjunto de	⊄
Par ordenado a, b	(a, b)
Paralela	‖
Signo de multiplicación	× ó •
Porcentaje	%
Recta que pasa por los puntos A, B	$\overleftrightarrow{AB}$
Se corresponde con	≙
Segmento entre los puntos A, B	$\overline{AB}$
Triángulo	△
Unión de conjuntos	∪

Abreviaturas

Unidades de Volumen

Milímetro cúbico	mm^3	Mililitro	ml
Centímetro cúbico	cm^3	Centilitro	cl
Decímetro cúbico	dm^3	Decilitro	dl
Metro cúbico	m^3	Litro	l
Decámetro cúbico	dam^3	Decalitro	dal
Hectómetro cúbico	hm^3	Hectólitro	hl
Kilómetro cúbico	km^3	Kilolitro	kl

Unidades de Superficie

Milímetro cuadrado	mm^2
Centímetro cuadrado	cm^2
Decímetro cuadrado	dm^2
Metro cuadrado	m^2
Decámetro cuadrado	dam^2
Hectómetro cuadrado	hm^2
Kilómetro cuadrado	km^2

Unidades de Longitud

Milímetro	mm
Centímetro	cm
Decímetro	dm
Metro	m
Decámetro	dam
Hectómetro	hm
Kilómetro	km

Unidades de masa

Miligramo	mg
Centigramo	cg
Decigramo	dg
Gramo	g
Decagramo	dag
Hectogramo	hg
Kilogramo	kg

U Unidad	UM Unidad Millar	UMi Unidad de millón
D Decena	DM Decena Millar	DMi Decena de millón
C Centena	CM Centena Millar	CMi Centena de millón

d décima	dm diezmilésima
c centésima	cm cienmilésima
m milésima	mi millonésima

CONJUNTOS DE NÚMEROS Y OPERACIONES

- N = Conjunto de los Números Naturales, sus elementos son: N = { 1, 2, 3, 4, 5, 6, 7,........}
- Z = Conjunto de los Números Enteros, sus elementos son: Z = { ..... -3, -2, -1, 0, 1, 2, 3,...}
- Q = Conjunto de los Números Racionales, sus elementos son: Q = {...- ¾, - ½, - ¼, 0, ¼, ½, ¾,.....}
- Pares: 2,4,6,8,10,12,14,16,18,20,22,24,26,28,30...... son números pares.
- Impares: 3, 5, 7, 9, 11, 13, 15, 17, 19, 21, 23, 25, 27, 29, 31 son números impares.
- Primos: 2,3, 5,7, 11, 13, 15, 17.....son números primos.

Reglas de divisibilidad

Divisibilidad por 2
Un número natural es divisible por 2, si la cifra de las unidades es divisible por 2 (0 , 2 , 4 , 6 , 8).

Divisibilidad por 3
Un número natural es divisible por 3, si la suma de sus cifras es divisible por 3.

Divisibilidad por 5
Un número natural es divisible por 5, si la cifra de las unidades es divisible por 5 (0 , 5).

Divisibilidad por 10
Un número natural es divisible por 10, si la cifra de las unidades es 0.

MCM

Mínimo común múltiplo: De dos o más es el menor número que puede ser dividido por dichos números. Por ejemplo, el MCM de 3, 5 y 7 es 105, pues éste es el menor número que puede ser dividido exactamente por 3, 5, y 7 a la vez.

MCD
Máximo común divisor: El mayor número que divide a todos los demás exactamente. Por ejemplo, el MCD de 15, 30 y 60 es 15, pues es el mayor valor que los divide a los tres a la vez.

Propiedades de las operaciones:

Conmutativa	Asociativa	Distributiva
De la suma: $4 + 3 = 3 + 4$ $= 7 \quad = 7$	De la suma: $3 + (5 + 2) = (3 + 5) + 2$ $3 + 7 \quad = \quad 8 + 2$ $10 \quad = \quad 10$	De la multiplicación con respecto a la suma y la resta: $5 \times (3 + 5) = (5 \times 3) + (5 \times 5)$ $5 \times 8 = \quad 15 + 25$ $40 = \quad 40$
De la multiplicación: $4 \times 3 = 3 \times 4$ $12 \quad = \quad 12$	De la multiplicación: $3 \times (5 \times 2) = (3 \times 5) \times 2$ $3 \times 10 \quad = \quad 15 \times 2$ $30 \quad = \quad 30$	$5 \times (6 - 5) = (5 \times 6) - (5 \times 5)$ $5 \times 1 = \quad 30 - 25$ $5 = \quad 5$

Términos de las operaciones:

Suma	Resta	Multiplicación
$\begin{array}{r} 7 \\ + \ 3 \\ \hline 10 \end{array}$ Sumando / Sumando / Suma	$\begin{array}{r} 7 \\ - \ 3 \\ \hline 4 \end{array}$ Minuendo / Sustraendo / Diferencia	$\begin{array}{r} 7 \\ \times \ 3 \\ \hline 21 \end{array}$ Multiplicando / Multiplicador } Factores / Producto

División	Potenciación	Radicación
Dividendo │ Divisor [Resto] Cociente	Exponente $2^3 = 8$ Base Potencia	Índice $\overline{}$ $\sqrt{\text{Radicando}} = \text{Raíz}$ $\sqrt{25} = 5$

FRACCIONES Y OPERACIONES CON FRACCIONES

Definición de fracciones: Cada una de las "n" partes iguales en que se divide una unidad.

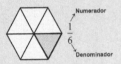

$$\frac{1}{6} \quad \text{Numerador}$$
$$\text{Denominador}$$

$$1 \div 6 = 0{,}16$$

Una parte de seis. Se lee "un sexto".

Clasificación de fracciones:

Canónica: Fracción que no puede dividirse o simplificar más. $\dfrac{36}{9}=\dfrac{4}{1}$	Decimal: Fracción donde el denominador es 10, 100, 1000.... O sea el 1 seguido de ceros. $\dfrac{36}{100}\quad\dfrac{120}{1000}$	Equivalentes: Fracciones que tienen el mismo valor numérico o que representan la misma cantidad. $\dfrac{4}{20}$, $\dfrac{6}{30}$ $4\cdot30=20\cdot6$	Heterogéneas: Fracciones que poseen denominadores diferentes. $\dfrac{6}{7}$, $\dfrac{8}{10}$
Homogéneas: Fracciones que poseen denominadores iguales. $\dfrac{1}{9}$, $\dfrac{18}{9}$	Impropia: Fracción donde el numerador es mayor que el denominador, por lo tanto es mayor a la unidad. $\dfrac{11}{3}=33.3$	Irreductible: Fracción que no puede ser simplificada, su numerador y denominador son primos entre sí. $\dfrac{2}{11}$	Mixta: Número que tiene una parte entera y otra mixta. $3\dfrac{1}{6}$
Nula: Fracción donde el numerador es igual a 0, por lo tanto su valor numérico es también 0. $\dfrac{0}{6}$	Común: Fracción cuyo numerador y denominador son números enteros. $\dfrac{3}{4}$, $\dfrac{19}{2000}$	Propia: Fracción donde el numerador es menor que el denominador, su valor numérico es menor que 1. $\dfrac{3}{12}$, $\dfrac{5}{18}$	Unitaria: Fracción donde el numerador es igual que el denominador, su valor numérico es igual a 1. $\dfrac{4}{4}=1$

Operaciones con fracciones:

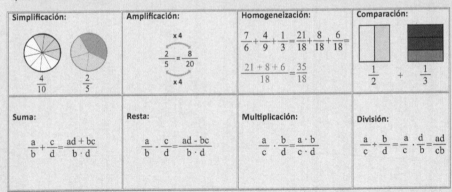

Simplificación:	Amplificación:	Homogeneización:	Comparación:
$\dfrac{4}{10}\qquad\dfrac{2}{5}$	$\overset{\times 4}{\dfrac{2}{5}=\dfrac{8}{20}}\underset{\times 4}{}$	$\dfrac{7}{6}+\dfrac{4}{9}+\dfrac{1}{3}=\dfrac{21}{18}+\dfrac{8}{18}+\dfrac{6}{18}=$ $\dfrac{21+8+6}{18}=\dfrac{35}{18}$	$\dfrac{1}{2}\quad+\quad\dfrac{1}{3}$
Suma: $\dfrac{a}{b}+\dfrac{c}{d}=\dfrac{ad+bc}{b\cdot d}$	Resta: $\dfrac{a}{b}-\dfrac{c}{d}=\dfrac{ad-bc}{b\cdot d}$	Multiplicación: $\dfrac{a}{c}\cdot\dfrac{b}{d}=\dfrac{a\cdot b}{c\cdot d}$	División: $\dfrac{a}{c}\div\dfrac{b}{d}=\dfrac{a}{c}\cdot\dfrac{d}{b}=\dfrac{ad}{cb}$

ÁNGULOS

Definición de ángulo: Dos semirrectas con un punto extremo común llamado vértice.
Un ángulo se puede denotar usando cualquiera de estas tres formas:
a) Una letra mayúscula en el vértice.   **b)** Una letra griega o un símbolo en   **c)** Tres letras mayúsculas. < A B C la
abertura.

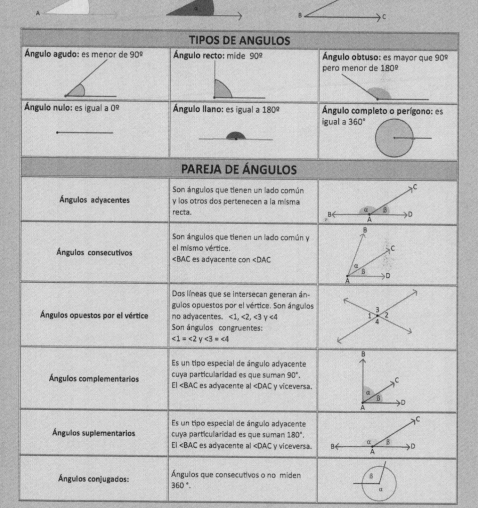

TIPOS DE ANGULOS		
Ángulo agudo: es menor de 90º	**Ángulo recto:** mide 90º	**Ángulo obtuso:** es mayor que 90º pero menor de 180º
Ángulo nulo: es igual a 0º	**Ángulo llano:** es igual a 180º	**Ángulo completo o perígono:** es igual a 360°

PAREJA DE ÁNGULOS		
Ángulos adyacentes	Son ángulos que tienen un lado común y los otros dos pertenecen a la misma recta.	
Ángulos consecutivos	Son ángulos que tienen un lado común y el mismo vértice. <BAC es adyacente con <DAC	
Ángulos opuestos por el vértice	Dos líneas que se intersecan generan ángulos opuestos por el vértice. Son ángulos no adyacentes. <1, <2, <3 y <4 Son ángulos congruentes: <1 = <2 y <3 = <4	
Ángulos complementarios	Es un tipo especial de ángulo adyacente cuya particularidad es que suman 90°. El <BAC es adyacente al <DAC y viceversa.	
Ángulos suplementarios	Es un tipo especial de ángulo adyacente cuya particularidad es que suman 180°. El <BAC es adyacente al <DAC y viceversa.	
Ángulos conjugados:	Ángulos que consecutivos o no miden 360°.	

TRIÁNGULOS

Definición de Triángulo: Es un polígono de tres lados, tres ángulos y tres vértices.

La suma de los ángulos interiores de cualquier triángulo es 180º

Triángulo ABC: Tiene tres lados: AB, BC, CA

Tiene tres vértices: A, B, C

Tiene tres ángulos: ⊰ ABC, ⊰ BCA, ⊰ CAB

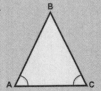

Triángulo ABC:

Clasificación de los Triángulos

Según sus lados

- **Equilátero:** Si tiene los tres lados iguales
- **Isósceles:** Si tiene dos lados iguales.
- **Escaleno:** Si tiene tres lados desiguales.

Según sus ángulos

- **Rectángulo:** Si tiene un ángulo recto
- **Obtusángulo:** Si tiene un ángulo obtuso
- **Acutángulo:** Si tiene tres ángulos agudos

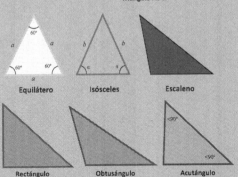

Equilátero   Isósceles   Escaleno

Rectángulo   Obtusángulo   Acutángulo

Rectas y puntos notables en un triángulo

Mediatrices y circuncentro	Bisectriz e incentro	Medianas y baricentro	Altura y ortocentro
Las mediatrices de un triángulo son las rectas perpendiculares a sus lados que pasan por un punto medio que está a la misma distancia de los tres vértices. Este punto es denominado **circuncentro.**	Las bisectrices de un triángulo son las rectas que dividen a sus ángulos en dos partes iguales. Las bisectrices de un triángulo se cortan en un punto llamado **incentro.**	Las medianas de un triángulo son las rectas que se obtienen al unir cada uno de los vértices del triángulo con el punto medio del lado opuesto a él. El punto donde se cortan las tres medianas se denomina **baricentro.**	Las alturas de un triángulo son las rectas perpendiculares que van desde un vértice al lado opuesto o a su prolongación. Las tres alturas de un triángulo se cortan en un punto que se llama **ortocentro.**
	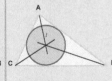	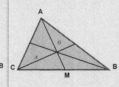	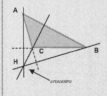

CIRCUNFERENCIA Y CÍRCULO

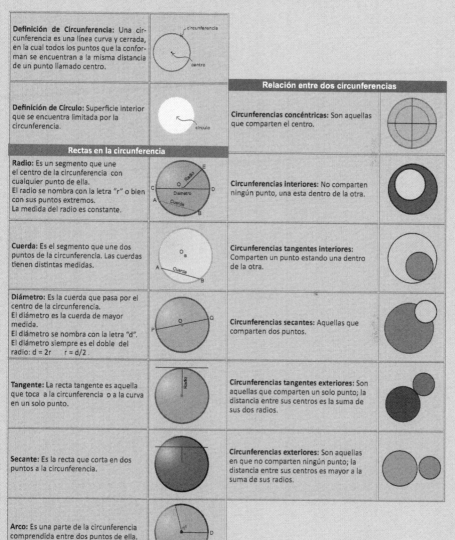

Definición de Circunferencia: Una circunferencia es una línea curva y cerrada, en la cual todos los puntos que la conforman se encuentran a la misma distancia de un punto llamado centro.

Definición de Círculo: Superficie interior que se encuentra limitada por la circunferencia.

Rectas en la circunferencia

Radio: Es un segmento que une el centro de la circunferencia con cualquier punto de ella.
El radio se nombra con la letra "r" o bien con sus puntos extremos.
La medida del radio es constante.

Cuerda: Es el segmento que une dos puntos de la circunferencia. Las cuerdas tienen distintas medidas.

Diámetro: Es la cuerda que pasa por el centro de la circunferencia.
El diámetro es la cuerda de mayor medida.
El diámetro se nombra con la letra "d".
El diámetro siempre es el doble del radio: $d = 2r$ $r = d/2$.

Tangente: La recta tangente es aquella que toca a la circunferencia o a la curva en un solo punto.

Secante: Es la recta que corta en dos puntos a la circunferencia.

Arco: Es una parte de la circunferencia comprendida entre dos puntos de ella.

Relación entre dos circunferencias

Circunferencias concéntricas: Son aquellas que comparten el centro.

Circunferencias interiores: No comparten ningún punto, una esta dentro de la otra.

Circunferencias tangentes interiores: Comparten un punto estando una dentro de la otra.

Circunferencias secantes: Aquellas que comparten dos puntos.

Circunferencias tangentes exteriores: Son aquellas que comparten un solo punto; la distancia entre sus centros es la suma de sus dos radios.

Circunferencias exteriores: Son aquellas en que no comparten ningún punto; la distancia entre sus centros es mayor a la suma de sus radios.

RECTAS Y PLANOS

Definición de rectas: Sucesión continua e indefinida de puntos en una sola dimensión, o sea, no posee principio ni fin.
Diferentes tipos de recta:

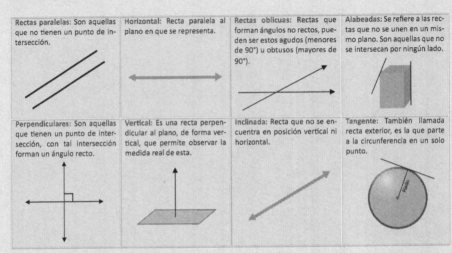

| Rectas paralelas: Son aquellas que no tienen un punto de intersección. | Horizontal: Recta paralela al plano en que se representa. | Rectas oblicuas: Rectas que forman ángulos no rectos, pueden ser estos agudos (menores de 90°) u obtusos (mayores de 90°). | Alabeadas: Se refiere a las rectas que no se unen en un mismo plano. Son aquellas que no se intersecan por ningún lado. |
| Perpendiculares: Son aquellas que tienen un punto de intersección, con tal intersección forman un ángulo recto. | Vertical: Es una recta perpendicular al plano, de forma vertical, que permite observar la medida real de esta. | Inclinada: Recta que no se encuentra en posición vertical ni horizontal. | Tangente: También llamada recta exterior, es la que parte a la circunferencia en un solo punto. |

Definición de planos: Superficie plana de dos dimensiones: Longitud y ancho.

Características de un plano:

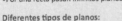

- Contiene infinita cantidad de puntos.
- Dos planos que se cortan determinan una recta.
- Por una recta pasan infinitos planos.
- Un plano es ilimitado.
- Una recta que tiene dos puntos en un plano está contenida en él.
- Contiene infinito número de rectas.

Diferentes tipos de planos:

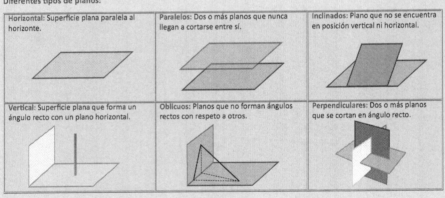

| Horizontal: Superficie plana paralela al horizonte. | Paralelos: Dos o más planos que nunca llegan a cortarse entre sí. | Inclinados: Plano que no se encuentra en posición vertical ni horizontal. |
| Vertical: Superficie plana que forma un ángulo recto con un plano horizontal. | Oblicuos: Planos que no forman ángulos rectos con respeto a otros. | Perpendiculares: Dos o más planos que se cortan en ángulo recto. |

CUADRILÁTEROS Y POLÍGONOS REGULARES

Definición de Cuadrilátero: Polígono o figura plana cerrada que tiene cuatro lados, 4 ángulos internos, 4 vértices y 2 diagonales.

Vértices: A, B, C, D
Lados: a, b, c, d
Ángulos: α, β, y, δ
Diagonales: e, f
$\alpha + \beta + y + \delta = 360°$

Clasificación de los Cuadriláteros:

1. Paralelogramos: Cuadriláteros con dos pares de lados paralelos.

Características de los Paralelogramos

1. Sus lados opuestos deben tener la misma longitud.

2. Sus ángulos opuestos deben ser iguales y los consecutivos suplementarios.

3. Cada diagonal debe dividir a un paralelogramo en dos triángulos congruentes.

4. Las diagonales deben cortarse en su punto medio.

Cuadrado   Rectángulo   Rombo   Romboide

2. No paralelogramos:

Trapecios: tienen un par de lados paralelos.

Trapecio Isósceles   Trapecio Rectángulo   Trapecio Trisolátero   Trapecio Escaleno

Trapezoides: son los cuadriláteros que no tienen lados paralelos.

Definición de Polígonos regulares:

Un polígono es regular si todos sus lados poseen la misma longitud y si todos sus ángulos son iguales.

Elementos de un polígono regular:

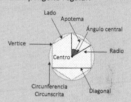

Centro (C) Punto interior que equidista de cada vértice

Radio (r) Es el segmento que va del centro a cada vértice.

Apotema (a) Distancia del centro al punto medio de un lado.

Ángulos de un polígono regular:

Ángulo central

Es el formado por dos radios consecutivos.

Ángulo interior de un polígono regular

Es el formado por dos lados consecutivos.

Ángulo exterior de un polígono regular

Es el formado por un lado y la prolongación de un lado consecutivo.

Los ángulos exteriores e interiores son suplementarios, es decir, que suman 180°.

Polígono inscrito

Un polígono está inscrito en una circunferencia si todos sus vértices están contenidos en ella.

Circunferencia circunscrita

Es la que toca a cada vértice del polígono

Su centro equidista de todos los vértices.

Su radio es el radio del polígono.

Circunferencia inscrita

Es la que toca al polígono en el punto medio de cada lado. Su centro equidista de todos los lados.

Su radio es la apotema del polígono.

POLÍGONOS

Definición de Polígonos: Figuras cerradas formadas por varios segmentos de recta a los que llamamos lados.

Elementos de un polígono:

Lados: son los segmentos de recta que lo limitan.

Vértices: son los puntos donde concurren dos lados.

Ángulos interiores: son los determinados por dos lados consecutivos.

Diagonal: son los segmentos que determinan dos vértices no consecutivos de un polígono

Ángulos exteriores: son los ángulos suplementarios de los ángulos interiores de un polígono.

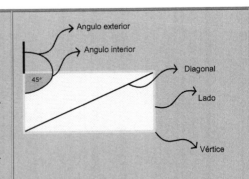

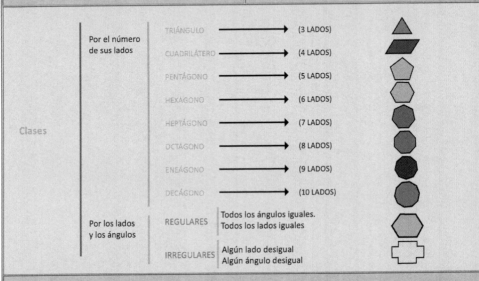

Clases	Por el número de sus lados	TRIÁNGULO	(3 LADOS)
		CUADRILÁTERO	(4 LADOS)
		PENTÁGONO	(5 LADOS)
		HEXAGONO	(6 LADOS)
		HEPTÁGONO	(7 LADOS)
		OCTÁGONO	(8 LADOS)
		ENEÁGONO	(9 LADOS)
		DECÁGONO	(10 LADOS)
	Por los lados y los ángulos	REGULARES	Todos los ángulos iguales. Todos los lados iguales
		IRREGULARES	Algún lado desigual Algún ángulo desigual

Polígonos cóncavos y convexos

Un polígono es convexo si todos sus ángulos interiores son menores de 180º y decimos que es un polígono cóncavo si al menos uno de sus ángulos interiores mide más de 180º.

Polígono convexo

Polígono cóncavo

No son polígonos

SISTEMAS DE NUMERACIÓN POSICIONAL

Definición de Sistema de numeración posicional: Sistema de numeración en el que la posición de un elemento es importante al igual que su valor absoluto. De acuerdo a su posición y base del sistema existe un valor relativo para cada elemento. El valor relativo lo obtenemos multiplicando el valor absoluto por la cantidad de elementos existentes en la posición que ocupa dicho número. Veamos un ejemplo con el número 365 en un Sistema de Numeración Posicional base 10:

3	=	3
6	=	6
5	=	5

Valor absoluto de 365:

3 Centenas	=	300 Unidades
6 Decenas	=	60 Unidades
5 Unidades	=	5 Unidades

Valor relativo de 365:

Tabla de valores del Sistema Decimal o Base diez

Centenas de millón x 100 000 000	9ºOrden	⎫
Decenas de millón x 10 000 000	8ºOrden	Unidades de millón.
Unidades de millón x 1 000 000	7ºOrden	⎭
Centenas de millar x 100 000	6ºOrden	⎫
Decenas de millar x 10 000	5ºOrden	Unidades de millar.
Unidades de millar x 1 000	4ºOrden	⎭
Centenas x 100	3ºOrden	⎫
Decenas x 10	2ºOrden	Unidades de simples.
Unidades x 1	1ºOrden	⎭
Coma decimal (,)		⎫
Décimas x 1/10	1ºSuborden	
Centésimas x 1/100	2ºSuborden	
Milésimas 1/1 000	3ºSuborden	Parte decimal del número
Diezmilésimas 1/10 000	4ºSuborden	
Cienmilésimas 1/100 000	5ºSuborden	
Millonésimas 1/1 000 000	6ºSuborden	⎭

Sistema Posicional base 2

6ºOr.	5ºOr.	4ºOr.	3ºOr.	2ºOr.	1ºOr.
2^5	2^4	2^3	2^2	2^1	2^0
32	16	8	4	2	1

Sistema Posicional base 3

6ºOr.	5ºOr.	4ºOr.	3ºOr.	2ºOr.	1ºOr.
3^5	3^4	3^3	3^2	3^1	3^0
243	81	27	9	3	1

Sistema Posicional base 4

6ºOr.	5ºOr.	4ºOr.	3ºOr.	2ºOr.	1ºOr.
4^5	4^4	4^3	4^2	4^1	4^0
1024	256	64	16	4	1

Sistema Posicional base 5

6ºOr.	5ºOr.	4ºOr.	3ºOr.	2ºOr.	1ºOr.
5^5	5^4	5^3	5^2	5^1	5^0
3125	625	125	25	5	1

Or: Orden

Para pasar números de base 2 a base 10, se multiplican los dígitos dados por los números 1, 2, 4, 8, 16, 32, ..., según sea el caso y al final se suman los productos.

base 10	16	8	4	2	1
Base 2	1	0	1	0	1

$$10101_{(2)} = 16 \times 1 + 8 \times 0 + 4 \times 1 + 2 \times 0 + 1 \times 1$$

$$10101_{(2)} = 16 + 0 + 4 + 0 + 1$$

$$10101_{(2)} = 21_{(10)}$$

PLANO CARTESIANO

Definición de Plano Cartesiano: El plano cartesiano tiene como finalidad describir la posición de puntos en un plano. Está determinado por dos rectas: Una horizontal y otra vertical que se cortan en un punto. La recta horizontal es llamada eje de las abscisas (eje x), y la vertical, eje de las ordenadas (eje y); el punto donde se cortan recibe el nombre de origen. Cada punto se representa por sus coordenadas o un par ordenado (x,y).

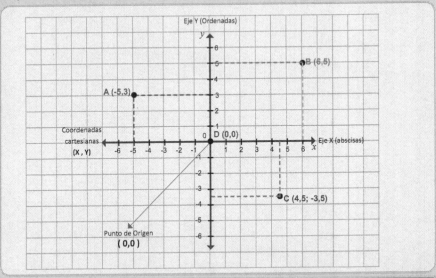

Ubicación en la gráfica del par ordenado (4,2)	Ubicación en la gráfica del par ordenado (-2 ,1)	Ubicación en la gráfica del par ordenado (0,-3)
Ubicación en la gráfica del par ordenado (-4,-2)	Ubicación en la gráfica del par ordenado (2,-1)	Ubicación en la gráfica del par ordenado (0,3)

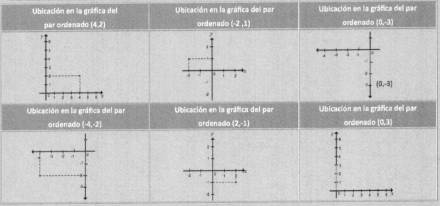

POTENCIACIÓN

Exponente

Base $\longrightarrow$ $\mathbf{5^2 = 25}$ $\longleftarrow$ Potencia

Definición de potenciación: La potenciación es una forma abreviada de escribir un producto formado por varios factores iguales. Ejemplo: $6 \cdot 6 \cdot 6 \cdot 6 = 6^4$. Sus términos son:

La base: Es el número que multiplicamos por sí mismo, en este caso el 6.

Exponente: Indica el número de veces que multiplicamos la base, en el ejemplo es el número 4.

Potencia: Es el resultado del producto
Propiedades de las potencias

Potencias de exponente cero

$a^0 = 1$

$6^0 = 1$

Potencias de exponente uno

$a^1 = a$

$6^1 = 6$

Las **potencias de exponente par** son siempre **positivas.**

$(+)^{par} = +$
$(-)^{par} = +$

$2^6 = 64$
$(-2)^6 = 64$

Las **potencias de exponente impar** tiene el **mismo signo** de la **base.**

$(+)^{impar} = +$
$(-)^{impar} = -$

$2^3 = 8$
$(-2)^3 = -8$

Potencias de exponente entero negativo

$$a^{-n} = \frac{1}{a^n} \qquad a \neq 0$$

$$2^{-2} = \frac{1}{2^2} = \frac{1}{4}$$

Potencias de exponente racional

$$a^{\frac{m}{n}} = \sqrt[n]{a^m}$$

$$2^{\frac{1}{2}} = \sqrt{2}$$

Potencias de exponente racional y negativo

$$a^{-\frac{m}{n}} = \frac{1}{\sqrt[n]{a^m}}$$

$$2^{-\frac{1}{2}} = \frac{1}{\sqrt{2}}$$

Multiplicación de potencias con la misma base

$a^m \cdot a^n = a^{m+n}$
$7^5 \cdot 7^2 = 7^{5+2} = 7^7$

División de potencias con la misma base

$a^m : a^n = a^{m-n}$
$7^5 : 7^2 = 7^{5-2} = 7^3$

Potencia de un potencia

$(a^m)^n = a^{m \cdot n}$
$(7^5)^3 = 7^{15}$

Multiplicación de potencias con el mismo exponente

$a^n \cdot b^n = (a \cdot b)^n$
$2^3 \cdot 4^3 = 8^3$

División de potencias con el mismo exponente

$a^n : b^n = (a : b)^n$

$6^3 : 3^3 = 2^3$

RADICACIÓN ($\sqrt{}$)

Definición de radicación: Operación contraria a la potenciación, donde dada la potencia y el exponente hay que hallar la base.

Definición de Términos :

El radical es el signo $\sqrt{}$ con que se indica la operación de extraer raíces.

El radicando o subradical es el nombre que se le da al número que se encuentra dentro del signo radical y del cual se quiere conocer la raíz.

El índice es el número que sirve para indicar el grado de la raíz.

La raíz es el resultado de la radicación.

Operaciones con radicales

Suma y resta de radicales

Dos o más radicales pueden sumarse o restarse cuando son radicales semejantes, es decir, si tienen el mismo índice e igual radicando. La operación consiste en sumar o restar los índices y se mantiene el mismo radical. Ejemplo:

$$2\sqrt{31} + 4\sqrt{31} = 6\sqrt{31}$$

Producto o multiplicación de radicales

Multiplicar radicales del mismo índice:

Se multiplican los radicando (las bases) y se conserva el índice. Ejemplo:

$$\sqrt{12} \times \sqrt{3} = \sqrt{12 \times 3} = \sqrt{36} = 6$$

Multiplicar radicales de distinto índice:

Primero se reducen a índice común y luego se multiplican.

Cociente o división de radicales

Dividir radicales del mismo índice

Se dividen los radicando (las bases) y se conserva el índice

$$\frac{\sqrt[6]{128}}{\sqrt[6]{16}} = \sqrt[6]{\frac{128}{16}} = \sqrt[6]{\frac{2^7}{2^4}} = \sqrt[6]{2^3} = \sqrt{2}$$

Dividir radicales de distinto índice:

Primero se reducen a índice común y luego se dividen.

Potencia de radicales

Para elevar un radical a una **potencia**, se eleva a dicha potencia el radicando y se deja el mismo índice.

$$(\sqrt[n]{a})^m = \sqrt[n]{a^m}$$

Raíz de un radical

Para calcular la raíz de una raíz se multiplican los índices de las raíces y se conserva la cantidad subradical.

$$\sqrt[n]{\sqrt[m]{a}} = \sqrt[n \cdot m]{a}$$

Ejemplo:

$$\sqrt[3]{\sqrt[7]{5}} = \sqrt[7 \cdot 3]{5} = \sqrt[21]{5}$$

Nota:

Las propiedades de la radicación son bastante similares a las propiedades de la potenciación, puesto que una raíz es una potencia con exponente racional. Ejemplo:

$$\sqrt[4]{x^3} = x^{3/4}$$

ESTADÍSTICA Y PROBABILIDAD

Definición de Estadística: Estadística es la ciencia que estudia conjuntos de datos numéricos obtenidos de la realidad. Estos datos son recopilados, clasificados, presentados, analizados e interpretados. De ellos se obtienen conclusiones de importancia en los fenómenos sociales o científicos.

Definición de Probabilidad: La probabilidad mide la mayor o menor posibilidad de que se dé un determinado resultado (suceso) cuando se observa un fenómeno o experimento.

Tabla de registro estadístico
Estatura de los alumnos de una clase.

Variable	Frecuencias absolutas		Frecuencias relativas	
(Estatura)	Simple	Acumulada	Simple	Acumulada
1,21	3	3	10,0%	10,0%
1,22	3	6	10,0%	20,0%
1,23	0	6	0,0%	20,0%
1,24	3	9	10,0%	30,0%
1,25	3	12	10,0%	40,0%

¿Cómo se mide la probabilidad?

Uno de los métodos más utilizados es aplicando la **Regla de Laplace**: define la probabilidad de un suceso como el cociente entre casos favorables y casos posibles.

P(A) = Casos favorables / casos posibles

Diferentes tipos de eventos

Simple: Evento que tiene un cantidad finita de posibilidades de darse	Compuesto: Dos o más eventos simples, cantidad infinita de posibilidades de darse.	Favorable: Evento con probabilidades altas de ser satisfactorio.	Desfavorable: Evento con probabilidades muy altas de no ser satisfactorio.
Posible: Resultados posibles de un evento.	Seguro: Evento con un cien por ciento de certeza de que se dé.	Improbable: Evento con cero posibilidades de que se dé.	Probable: Igual número de posibilidades de que un evento se dé o no se dé.

Gráficos más usados en Estadística

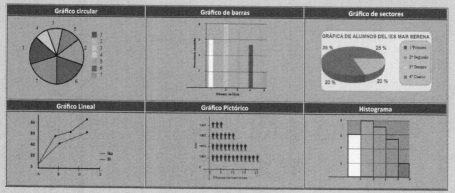

Gráfico circular	Gráfico de barras	Gráfico de sectores
Gráfico Lineal	Gráfico Pictórico	Histograma

Printed in Great Britain
by Amazon